STRESS-PROOF

零压人生

［英］米修·斯托罗尼——著　陈玉嫦——译
Mithu Storoni

北京联合出版公司
Beijing United Publishing Co.,Ltd.

图书在版编目（CIP）数据

零压人生 / (英) 米修 · 斯托罗尼著 ; 陈玉嫦译
. -- 北京 : 北京联合出版公司 , 2019.7 (2021.2 重印)
ISBN 978-7-5596-2589-2

Ⅰ . ①零… Ⅱ . ①米… ②陈… Ⅲ . ①心理压力—心理调节—通俗读物 Ⅳ . ① B842.6-49

中国版本图书馆 CIP 数据核字 (2019) 第 070166 号

北京市版权局著作权合同登记　图字：01-2019-3139

零压人生

项目策划　斯坦威图书
作　　者　(英) 米修 · 斯托罗尼
译　　者　陈玉嫦
责任编辑　昝亚会　夏应鹏
策划编辑　李佳铌　张其欣
营销编辑　姜　涛
封面设计　异一设计

北京联合出版公司出版
(北京市西城区德外大街 83 号楼 9 层　100088)
香河县宏润印刷有限公司　新华书店经销
150 千字　880 毫米 × 1230 毫米　1/32　8 印张
2019 年 7 月第 1 版　2021 年 2 月第 2 次印刷
ISBN 978-7-5596-2589-2
定价：46.80 元

本书赞誉

“本书是在全面深入研究的基础上写成的，它囊括了种种抵御慢性压力的完美策略。本书的建议简单而奏效，对精神和身体健康大有裨益。”

——丹·比特纳（Dan Buettner），《美国国家地理》职员，
《纽约时报》畅销书《蓝色地带》(*The Blue Zones*) 的作者

“本书是严谨研究的代表，它为读者呈现了改善复原力、改善精神表现以及改善注意力的前沿策略。强烈推荐！”

——斯科特·巴里·考夫曼（Scott Barry Kaufman）博士，
心理学家以及《异想天开》(*Wired to Create*) 的合著者

“实用。这本书能够让我们的生活变得更美好！”

——卡玛尔·拉未坎特（Kamal Ravikant），
畅销书《就像生命取决于它一样热爱自己》的作者
(*Love Yourself Like Your Life Depends On It*)

“作者从神经生物学方面解释了压力的来源，为我们轻松抗压提供了明智而可行的建议。本书在提供技巧的同时，还解释了技巧的合理性，让我们能够轻松驾驭。”

——桑德拉·道森夫人（Dame Sandra Dawson），
大英帝国爵级司令勋章拥有者，
剑桥大学贾奇商学院 KPMG（毕马威会计事务所）
管理研究荣誉教授

“现代人压力非常大，80% 的病人都是出于压力而寻求我的帮助。在本书中，作者能够针对问题提出相应的解决方案。这本书是压力领域的一大突破，它指导我们认识压力，管理压力；它鼓励我们从根源解决问题，实现自我保健革命。强烈推荐！”

——乔尔·卡恩（Joel Kahn），医学博士，美国心脏病学会专家会员；
卡恩心脏长寿中心临床医学教授及创始人

目　录 CONTENTS

第四章：通过促进理性大脑成长来控制压力

第五章：通过调节生物钟来控制压力

第八章：通过奖赏机制来调整压力

第九章：通过默认模式网络来控制压力

关于复原力的补充建议

前　言

以一种新的视角来看待压力

“熟鸡蛋能变回生鸡蛋吗”

伦敦中部有一座外形奇特的大楼，它属于后现代建筑物。这幢建筑物风格超前，用现代化形容它实在有点过时。普通的摩天大楼可以容纳巨大的人群数量，但这座庞然大物并非只甘心于这一目的。为了容纳更多的人群，这座大厦的顶部比底部要宽阔。幸运的是，越高的楼层，租金就越高。这座建筑闪闪发光，外表镶着涂釉的铝板，映照出所有经过的人群。这座大厦既庸俗又虚荣，程度超出了一般的建筑。它贪婪地吸纳着纯净无瑕的阳光，外形像一个石器时代的巨大对讲机。

伦敦人已经开始忽略这座被众多人视为眼中钉的庞然大物，直到 2013 年的一个既温暖又阳光明媚的日子。那天午后的两个小时，这座建筑物由“后现代怪物”变异为“新时代恶棍”。在剧烈的阳光下，这一“恶棍”几乎可以熔掉汽车、自行车，融化油漆以及点燃门垫。然而最能引发热议的是，它制造的热可以煮熟一个鸡蛋。一个记者把一个鸡蛋放在煎锅上，然后把煎锅放在大街上大楼下的某个位置。在那里，大厦的南向外表汇聚的太阳光线温度达到了 243 华氏度[1]。鸡蛋开始发出“嘶嘶”的声音，不一会儿，鸡蛋就被煮熟了！

---

[1] 243 华氏度约等于 117 摄氏度。

一个刚下的鸡蛋，在其坚硬外壳的下面，是流动的鸡蛋液。但当接触热量时，它就会经历巨大的变化。我们不能从其外表察觉到任何变化，但是里面已经变得“面目全非”。**我们人类与鸡蛋非常相似。当陷入“生活之火”时，我们的外壳可能毫发未损，但我们的大脑正经历着结构性的变化**。于人类而言，这里所说的“热量”就是压力。

伦敦这一对讲机似的建筑物就像是现代生活，它是全球化的产物。为了追求最大化的收入，为了促进生产力，为了打败对手，为了赶超同伴，为了与快速冲刺的现代化齐步，它应运而生。为了完成以上所有目标，它发出了交叉火力。交叉火力可以煮熟鸡蛋，而现代化的压力同样会摧残我们的大脑。

如果不是最近的发现，遗憾的事情还将肆意上演，人类或蒙蔽其中，或深受其害。你能想到吗，我们可以让熟鸡蛋变回生鸡蛋！

成功实现这一惊天动地壮举的科学家撼动了全球厨师界，让世界各地的米其林星级大厨百思不得其解。他们最终粉碎了一个俗语：“让熟鸡蛋变回生鸡蛋是不可能的（impossible to unboil an egg）”。他们理所当然地获得了“搞笑诺贝尔奖”[1]。

---

[1] 搞笑诺贝尔奖（Ig Nobel Prizes），由美国人马克·亚伯拉罕斯创办。自1991年开始每年颁奖一次，其目的是选出那些“乍看之下令人发笑，之后发人深省”的研究。

就好像熟鸡蛋可以变回生鸡蛋一样，我们也可以防止脑袋遭殃。这本书旨在与读者分析压力的过程，并从症状反向消除压力源。当我们被置于现代化的“火焰”之下，当我们必须面对如“对讲机怪兽”一样的日常生活时，我们其实可以反向消除或者避免大脑和身体出现的变化。

以一种新的视角来看待压力

我的父母是医生，他们热爱思考，酷爱运动，他们是瑜伽修士。从小到大我接触了不少奇人异事：为了锻炼意志，有些人宁愿隐居在冰冷的喜马拉雅山上，过着寒冷且食不果腹的生活；为了训练痛苦承受能力，有些人宁愿躺在钉板上；瑜伽修士无限降低自己的心率，周围人甚至担心他们随时离世。人们告诉我大脑能够反转一些由身体自主做出的决定。我们操控着一个被称为自主神经系统的“自动驾驶程序”。自主神经系统是大脑的一部分，是大脑的总指挥中心，我们一般无法用意识去控制它，但它可以影响整个身体。我们平时可能会忘记心跳和呼吸，但它们每时每刻都存在，无时无刻不受自主神经系统的控制。简单地说，自主神经系统既能产生压力反应，又能处理压力反应，使我们平静下来。引起压力反应的那一半自主神经系统被称为交感神经系统，它对身体控制有着重要的影响。许多伟大的运动员对这种力量非常着迷。罗杰·班尼斯特先生（Sir Roger Bannister）是世界上第一位在四分钟之内跑完一英里的运动员。1954 年，在牛津伊夫利公路上，罗杰·班尼斯特先生完成了这一壮举。他终其一生全心全意投身于研究交感神经系统的事业中。

我童年便了解到了这些奇迹，但自从成为我的记忆之后，我便很少触碰它们，利用它们，直到我听说荷兰探险家维姆·霍夫(Wim Hof) 的故事。维姆·霍夫是公认的“冰人”。在 2007 年，霍夫攀登了部分珠峰，可畏的是他只穿了短裤和鞋子。两年之后，他以同样的装束，在零下 4 华氏度[1]的严寒下完成了马拉松跑步。在 2007 年 1 月 26 日，霍夫成功保持了半程马拉松的记录。那时候，他赤脚足足在冰地 / 雪地上逗留了 2 小时 16 分 34 秒！最近，有研究人员利用维姆·霍夫的帮忙研究一个有趣的机制。我们的身体拥有细菌入侵反应机制，它由自主神经系统支配。研究人员想了解，我们是否可以通过训练大脑控制这种机制呢？也就是说，我们是否可以通过意识控制自主神经系统呢？我们是否可以调高交感神经系统的活跃程度呢？

维姆·霍夫让十二名健康志愿者参加为期十天的综合训练，训练包括冥想训练、呼吸训练、瑜伽训练和暴露于严寒之中。这些训练的目的是让志愿者掌握自主刺激交感神经系统的能力。训

[1] 零下 4 华氏度约等于零下 20 摄氏度。

练结束后，这十二名志愿者和对照组志愿者都接受了细菌毒素注射，在正常情况下，它会引起免疫系统的反应并导致疾病的发生。在注射前的半个小时，接受培训的志愿者被要求自主刺激自己的交感神经系统（以前人们认为这是不可能的）。他们按要求做了。结果，当内毒素进入接受培训的志愿者的血液时，他们体内的肾上腺素的水平更高（肾上腺素产生于压力反应）。为了应对内毒素，肾上腺素使他们的身体产生比对照组志愿者更多的“IL-10”蛋白，IL-10有抵抗炎症的效果，因此，接受培训的志愿者的流感症状相对较轻，他们也更快从发烧症状和对抗内毒素的压力反应中恢复过来。虽然这一实验规模很小，而且属于此领域的首例研究，但是它充分阐明了人类完全有能力在一定程度上自主控制自主神经系统以及免疫系统。人类一直深信意识和身体之间存在着巨大的鸿沟，但这一研究成果颠覆了人类长久以来的传统观念，将人类的意识和身体连接起来。

读大学的时候，我开始被大脑的可锻性深深吸引。那时，我刚领悟了诺贝尔得主大卫·胡贝尔（David Hubel）和托斯滕·威塞尔（Torsten Wiesel）的这句话。他们解释大脑本是一块空白的“大理石”，通过与世界的互动，它不断被刻上世界的痕迹。例如，如果世界从未向小猫展示地平线，成年后的它们依旧不知道地平线是什么。一个人从病房实习医生晋升为住院医生的例子充分说明了人类精神的可锻性。有些生存概率不高的病人成功活了下来，有些生存概率高的病人最终却挺不过去。有些人的身体状况和精神状态就像坐标图上的直线关系，这一巧妙的关系不随年月的变化而变化。步入黄昏年龄的长者，他们的思想似乎能决定他们的寿命，他们的心态似乎能决定他们在下一个岔路的结局。当然，还有臭名昭著的“安慰剂效应”，但它们只可以创造短暂的奇迹。

在医生实习期间，我的身体出现了一种免疫系统症状，那时候的我极度渴望摆脱它。这一免疫系统状况就像是压力水平探测仪一样，它令我感到十分苦恼。压力加剧时，这一症状也会加剧。这一症状直到我爱上了热瑜伽才开始消失，那时我在伦敦学习瞳孔测量法。瞳孔测量法是神经眼科的一个专业分支，它主要研究瞳孔运动。例如，瞳孔变大需要多长时间？瞳孔的外观是怎样的？瞳孔收缩需要多长时间？如果瞳孔是自主神经系统的直接窗户，那么微妙的跳动就显得异常迷人。当接收到来自交感神经系统的紧张的信号时，瞳孔就会扩大，这就是为什么经历压力的时候瞳孔看起来有点大。我发现练习几个月的热瑜伽之后，在正常状态下，我的瞳孔开始变小，这可能是因为交感神经系统活动的基线降低了。此外，我还观察到免疫状况开始有所缓解，到最后竟然完全消失。

很明显，这不是意识的神奇力量，管好大脑才是关键！我并没有觉得自己变得更好，而是使自己的大脑基线变得更加健康，我不断锻炼它，修复它，培育它，让它拥有足够的休息时间。当大脑处于最佳状态时，它的反应就会截然不同。在这种状态下，大脑能够更轻易地从压力中恢复过来，能够更快地从创伤中恢复过来，能够理性地思考和看待世界，能够更好地抵御病痛，能够促进免疫系统功能，能够阻碍任何疾病的过程。总之，我们对抗压力的能力变得更强。

> 当大脑处于最佳状态时，它的反应就会截然不同。

压力复原力

詹诺思·雨果·布鲁诺·塞尔耶（Janos Hugo Bruno Selye）是奥匈帝国的一位传奇医生，如今人们称其为“压力研究之父”。1956 年，塞尔耶说：“压力是一个科学的概念，好坏参半的是，人们太了解压力，却不太理解它。”自从那时起，关于压力的研究开始蓬勃发展，但我们的路依旧很漫长。

我们的身体存在着一套固定的规律。在正常情况下，我们的大脑通过自主神经系统及其交感神经和副交感神经活动牢牢地把握着这套规律。当我们进入炎热的房间时，我们就会流汗；当我们喝得太多时，我们就要上洗手间；当我们平躺下来时，我们的大脑压力就会上升，我们的身体血压就会降低。我们的身体像程式化的软件一样，遇到变化时随时做出改变。当外部环境发生变化时，体内的机制就会自动启动，我们的身体就会进入设定好的状态。

压力就是大脑和身体为适应变化而做出的改变。当我们不能适应周围变化的环境时，我们的大脑和身体就会进入预设的状态。

散步时的血压通常处于最佳状态。但要是我们随时可能受到狮子的攻击时，我们的血压变化会表现得更为活跃。如果狮子成功袭击了你，你的伤口不断流出大量鲜血。这种情况会导致血压不足，血液无法到达大脑，肌肉也没有足够的血液供应，最终导致你无法快速逃跑。但如果我们的血压基线较高，大量失血导致的血压下降就不至于带来如此严重的影响，这样我们仍然拥有存活的机会。

当面对迫在眉睫的危险时，我们的大脑会不断变更设定状态，以提高成功的概率。在危险过去之后，状态也会跟着变更。但如果威胁持续不散，或者出现的频率过高，我们的状态就被定格，无法改变。这就是慢性压力及其带来的消极影响。我们的血压会保持在一个高的水平，我们的压力症状会持续不退。因为我们的压力症状只是交感神经网络状态的外在表现，而交感神经活动一直处于上升的态势。压力症状会产生压力荷尔蒙，因此，这一切会循环不断。

为什么转变设定状态会导致疾病呢？因为我们进化了，我们拥有在正常设定状态下活动的能力。对于变更的设定状态，如上升的压力水平，我们只能维持一段很短的时间。因为维持在这样的状态下会损害我们的大脑和身体。当我们被攻击时，我们不会在意变更的设定状态引起的高血压或高血糖，我们也不太在乎它们带来的危害，因为这一状态拯救了我们的生命，它带来的好处远比坏处大。但如果没有遇到攻击而发生高血压和高血糖，而且这种状态持续不退，那么这绝对是有害无益的。

持续不退的压力症状可能表现为慢性高血压。从全球范围来看，高血压的发病率持续上升，部分人怀疑这是全球压力上升的一个直接结果，而罪魁祸首是城市化和全球化。而全球胰岛素抵抗以及 II 型糖尿病发病率的上升也根源于此。

设定状态的变更会导致大脑线路的改变。压力在所难免，但总体来说，我们的生活平静而舒适。在这种情况下，我们的大脑功能自然就处于最佳的状态。但如果反过来，压力是生活的常态，舒适只是偶然的幸运。那么，为了在这种状态下发挥最佳的功能，我们的大脑只有改变其连接。慢性压力引起的是适应性反应，或次适应性反应，因为这一改变并不能带来更好的适应。慢性压力弱化了我们的生活，它不能够让我们更好地适应环境。

> 慢性压力弱化了我们的生活。

从多方面入手

百年过去了，压力依旧是我们的生活难题，不同的是，以前我们只知道压力像一团互相缠绕的乱线，而现在我们认识了线团中的诸多线条。一个功能障碍就是一条线。如果我们全心全意照顾好每一条线，那么它就不会陷入无法拆解的线团中了。

从大脑健康的角度来看，整体的方法（如这本书提供的方法）比局部的方法奏效得多。压力是异常复杂的难题，局部的方法不是明智的选择！

在以下的章节中，我描述了七个方面的障碍，这是慢性压力人群经常会经历的状态。这七个方面包括：把控注意力的能力低下、过多或过少的皮质醇、变异的突触可塑性、失调的生物钟、炎症、胰岛素抵抗以及萎靡不振的动力。我们可能不会遇到所有的情况，但大部分人至少会经历其中的一种。我的目的是让读者关注每一方面，最大化地降低陷入某一障碍的机会，这样我们就可以战胜慢性压力的影响了。如果我们谨慎地保持大脑健康，维持规律的生物钟；如果我们能够锻炼自己的注意力技巧，学习如何控制自己的皮质醇水平；如果我们能时刻保持动力，尽一切努力消除胰岛素抵抗的风险……我们就能以强大的实力打赢慢性压力。这本书会指导读者掌握每一方面的技巧。本书的每一个建议都有相应的科学证据支持。同时，我还提供了许多随机对照实验的结果供大家参考。本书还使用了一些新生研究领域的最新发现，这些发现虽然新颖但具有说服力。

本书中提及的措施对我们大有裨益。胜利不是一朝一夕的事，坚持不懈，我们就能看到最好的自己！

第一章

大脑和压力的关系

大脑和压力的关系

当遇到潜在压力状况时，我们的脑袋会产生两个对话。选择的对话不同，我们的整个世界也基本上截然相反。其中一个对话理性、冷静且有条理。另一个对话则感性、冲动而草率。慢性压力会增加第二种对话的量，同时，它扼杀第一种对话。

大脑的行政总裁

人的智力大脑就像是一个庞大的公司，它拥有多个不同的部门。数以亿计的信息影响着我们的大脑，大脑必须及时恰当地处理这些信息。为了向我们身处的外部环境索取最大的利益，大脑帮助我们选择适当的行为。就像公司一样，大脑也拥有行政总裁，它主管大脑的运行机制，分派任务给不同的部门，决定哪个部门应该袖手旁观。而这个过程相当复杂，因为“行政总裁”需要根据不断变化的外部环境即时发出不同的指令。如果我们脑袋中的“行政总裁”能够有效地做出明智且精确的指引，我们就能出色地应对不同的情况。

在大脑前部，前额叶的后面，存在着一个被称为前额皮质的部位。前额皮质是大脑中管理和控制行为的主要部位，这个部位就是上述提及的大脑中的“行政总裁”。当然，像公司一样，这个“行政总裁”有着众多的助手。

每当我们遇到状况时，前额皮质都会自动评估我们所处的形势，它帮助大脑形成最佳的方案以处理及解决不同的情形。发出指令后，前额皮质不断监控、调节并控制诸多部位实施的活动，目的是为大脑的运作创造出最佳的环境，以出色地完成需要处理的任务。例如，当我们在繁杂吵闹的办公室阅读冗长的邮件时，前额皮质就会联合各部门处理这个环境问题。它们通力合作消除外部环境中的噪声和其他导致分神的因素，这样我们就能专心地完成任务。

就像公司里伟大的行政总裁一样，前额皮质有着其独特的优势。它能够从我们身处的情境中收集所有可能的信息并形成工作记忆。这些工作记忆能够让前额皮质将现在发生的事情与刚发生的事情联系起来，因此，这位“行政总裁”能够较为准确地预测接下来将会发生的事情，并据此不断更新策略。此外，前额皮质还控制着注意力焦点，它能“指派”注意力到需要的地方。前额皮质仔细检查来自不同渠道的数据，并据此决定注意力的焦点和位置。所谓仔细检查，是指前额皮质执行的不同程度的检测，其包括分析或再分析，还包括调动大脑中海马体部位的长期记忆进行的数据处理。如果某种想法和感觉不重要，也与你当前处理的任务无关，前额皮质就会自动压缩它们的容量，因此，注意力就能够集中在正在处理的事情上，而不至于被其他杂事干扰。

前额皮质能够将大脑的其他所有部位联系起来，因此在追求目标的过程中，这位“行政总裁”能够做出战略性计划，能够根据情况判断形势，能够规范行为，能够做出决定，能够自下而上地控制脑袋的其他部位。通过不断尝试和犯错，“行政总裁”利用原来的以及新吸收的知识指引我们做出适当的行为，以应对状况。因此，“行政总裁”能够根据接收到的新信息不断调整和改善我们的行为。“行政总裁”——前额皮质总是不断学习，不断更新自己的智力！

前额皮质总是处于高度繁忙的状态，由于大脑功能网络需求的不断变化，大脑细胞（突触）不断具体化或弱化其原有功能，于是细胞之间形成新的连接。大脑中存在着数不清的突触，这些突触会因需求的不同而不断变动和改变。这种进化式的能力以及活动变化被称为突触可塑性。当遇到新的情况时，我们的大脑就会自动改变。这种改变主要依赖突触可塑性的运作。

“行政总裁”也有失效的时候

本能情绪不愧是一个价值连城的工具，通过认识人类本能情绪反应，我们就能分析当今都市环境，因为我们每天面对的威胁并非来自自然环境（野兽），而是来自人与人之间的互动。当人与人之间的威胁触发了我们的大脑，引起了消极情感时，我们的前额皮质就会失效，威胁会跳过“行政总裁”的监管。这一回路——“大脑漏洞”给了假性警示滋长的温床。

处理情绪的大脑线路总是处于高度繁忙的状态。大脑线路分积极的和消极的反馈回路。大部分回路受前额部位的“管理”。如果前额皮质认为保持高度警惕是应对外部环境潜在威胁的最佳方式，前额皮质就会指引我们做出严肃的情绪反应。如果前额皮质认为我们当前的情感会导致我们无法集中于正在从事的事情上时，前额皮质就会消除这种消极情感，并重新将注意力配置到有价值的事情上。如果前额皮质失效，我们的情绪反应就会错乱，我们的情绪就会与所处环境需求的程度不对等。

杏仁核是主管我们情绪反应的主要部位之一。杏仁核是人体处理来自外部信息的第一站，杏仁核负责把这些信号传输至脑袋的不同部位，当中包括前额皮质。根据收集到的其他信息，前额皮质的某些部位会进一步激化或压制来自杏仁核的“情绪”。当我们内部产生情感冲突时，其他部位就会采取行动，如前额皮质的某些部位会采取“抑制”杏仁核的行动。另一个主管我们情绪反应的部位就是海马体（主要是位于腹侧位置的海马体）。海马体与杏仁核通力合作。

前额皮质对大脑实施情绪反应起着根本性的作用。因此，你所了解的自身对外部环境的反应是绝对理智且有依据的。如果前额皮质的规范功能发生故障，那么我们对外部环境的反应就会缺乏理智。此时，我们的人生经历也会随之改变。患有慢性职业压力或者创伤后应激障碍（PTSD）的人群，他们的大脑扫描图像会呈现病态迹象，他们前额不能有效地调节自己的情绪和行为。我们把不能压抑自己消极情绪的行为俗称为“发脾气”。

如果我们不能有效管理自己的情绪，消极情绪就会占据并控制我们的脑袋。我们会消极并带有偏见地看待这个世界，为了满足自己的情绪需求，我们不断挖掘外部环境的消极特征，我们有选择地记住消极的经验，淡忘积极的经验。偏颇的三观会导致我们对这个世界的不信任，我们怀疑，我们觉得人际无迹可寻，因此，我们逐渐会变成这个世界的边缘人，我们总是忧虑难过。反过来，这种紧张而消极的情绪会影响我们的大脑情绪功能，于是，我们的消极情绪进一步升级，进一步蔓延。

即使我们经历的是同一件事情，拥有或缺乏情绪监管也能导致截然不同的经验。请看看下面的例子。

生活被情绪操控的例子

今天早上，你和蔼的老板居然没对你报以微笑。你走到自己的办公桌并开始思考原因。你尝试去解释这一切，但本来你的情绪控制能力就不好，于是你将所见所听都印上消极的标签，你不知道自己的想法存在偏颇，于是大脑中形成了最坏的情形。你开始感到焦虑，你开始愧疚。你担心是不是有关于你的噩耗，只是老板还没开口。你想起那些谣言：公司正计划缩减开支。你留意到其他人都在偷偷微笑，你会想他们是不是在取笑自己。你会想：难道大家都知道我即将被解雇了？怎么办？我还要交各种费用呢，我还要还贷啊。于是，你还是无比焦虑。

生活由理性主导的例子

今天早上，你和蔼的老板没对你报以微笑。我们会理性地思考原因，我们的前额皮质和杏仁核会小心检查一下情形，它们会浏览关于过去经验的记忆。它们会调动埋藏在脑海已久的记忆。你想起了之前听到的“八卦”：老板悄悄去打了瘦脸针。回想起刚才的情景，你发觉老板嘴巴紧闭、额头紧锁，但眼角却不断抽动。再看看办公室，你留意到同事们极力尝试保持平静的面容却始终压抑不住微笑。你也开始微笑，觉得此情此景实在有趣。

脑袋中的“自动驾驶”反应系统

“自动驾驶”神经系统，即自主神经系统，能够快速将信号由大脑传输至身体。自主神经系统有交感神经及副交感神经两方面的性能，这两个功能互相配合以保证身体机能的正常顺畅运转，保证我们能不断接受新鲜的知识。当两个功能能够共同作用时，在不停止工作的前提下，它们接受的信息相应改变，它们的反应程度也会相应改变。例如，交感神经功能会影响你的心脏，让你的心跳加速，然而此时副交感神经功能会尝试降低我们的心率。如果我们的心跳需要加速，交感神经功能会使心率提高，而副交感神经功能会降低心率，但两者都同时作用于心脏。

当身体面对压力时，我们的大脑就会引起两种截然相反的连锁反应。自主神经系统的反应是第一种连锁反应。当面对压力时，自主神经系统的两个不同部分进行相反的活动。此时，交感神经功能会迅速提升，副交感神经功能则会相应下降。当身体分泌肾上腺素并产生一系列生理反应，如呼吸急促、心跳加速、高度警惕的时候，这一连锁反应就会达到极点。第二种连锁反应产生于下丘脑，结束于肾上腺释放应激激素皮质醇。它对第一种连锁反应不断施加反作用力，直至压力消失。此时，副交感神经功能上升而交感神经功能下降。人体放松时，副交感神经网络变得活跃起来，而交感神经系统则相反，其在人体应对压力的时候变得活跃。

杏仁核及其协作者——中枢自主神经网络和压力反应回路有着繁杂的联系。这就是为什么影响情绪的事情会迅速引发压力反应。外界强加的经历或者大脑想象的经历都可能引发强烈的消极情感，因此，它会触发交感神经功能的上升。如果我们经常面对压抑的情景或者不能及时掌控自己的情绪，我们就会时常压力巨大，我们的交感神经功能就总是处于强烈的态势。

当大脑感受到威胁时，它会自动产生压力反应。威胁可能是来自外部物质世界的，也可能是内在情感引起的。在当今高度工业化和城市化的社会，来自情感反应的心理压力是最常见的压力之一。前额皮质主管我们的情感反应，因此，前额皮质是感受及处理压力的关键部位。

在某些紧急的情况，或在某些压力巨大的情形下，前额皮质的作用显得尤为重要，因为它可以控制我们的压力反应，调节我们的情绪，帮助集中注意力做好手头上的工作。如果前额皮质发挥良好，来自外部的压力就会被大大舒缓。当突然遇到威胁时，前额皮质会帮助我们从激动的情绪中缓过神来，因此，我们能恢复到正常状态并重新专注于所做的事情。如果前额皮质失效，恢复就会放慢甚至缺失。

情感大脑与理性大脑

处理情绪的大脑细胞网络庞大而复杂，我把这一网络称为情感大脑。不像其他专业性术语，这一通俗的称谓便于读者理解掌握。同样，我把主管目标、决定、情感、工作记忆、学习能力、注意力以及其他确保理性以应对外部环境的前额皮质细胞网络称为理性大脑。理性大脑还包括主管学习能力和记忆能力的海马体细胞网络（大部分位于海马体背侧的细胞），也包括与前额皮质通力合作的其他部位。这本书所指的感性大脑和理性大脑是在社会心理压力的背景下提出的。实际上，情感大脑和理性大脑并非大脑的结构性术语，情感能力和认知能力紧密联系，它们共用相同的大脑回路。

突发性压力与慢性压力

如果把大脑比喻成一支管弦乐队，那前额皮质就是这支管弦乐队的首领，它弹奏的旋律在总体上能引领整个乐队的和谐。遇到急性不可控制的压力时，我们的首领——前额皮质就会快速调整节奏，它产生的和声会迅速掌控局势，使乐曲恢复正轨。和声就是前额皮质处理消极情绪的活动。当压力环境消失时，前额皮质就会停止“和声”，我们的情绪也会平和下来。

成年人的大脑会随着需求的改变而改变。大脑能够迅速适应变化的要求，因此在正常情况下，我们总能安然应对多变的环境。当急性压力变为慢性压力时，为了适应这一新情况，大脑细胞间的联系和结构会相应改变。此时，前额皮质的功能会被弱化，前额皮质难以持续控制情绪和行为，失调的情感行为总是缠绕着我们，直至慢性压力消失。在这种情况下，前额皮质细胞的新结构将会导致理性功能和感性功能的失衡，而且这种失衡是长期性而非短暂性的。慢性压力的临床表现轻则情绪失调，重则导致人生方向缺失、行为异常以及抑郁，这些都可能是前额皮质不能发挥正常控制作用的后果。

慢性压力可能通过多种途径逐步削弱前额皮质控制网络。前额皮质和海马体都处于不断变动的状态，此外，它们都十分依赖不断变化的突触。因此，一旦突触可塑性受到干扰（如慢性压力对突触可塑性的影响），前额皮质和海马体的功能就会被削弱。更为不幸的是，前额皮质和海马体还会随着年龄的增长而不断弱化，老年疾病（如阿尔茨海默症）会严重影响前额皮质和海马体的功能。

前额皮质的大脑细胞（学名为锥体细胞）呈树状分布。像树一样，它有外延的分支（称为树枝）。位于树枝上的细胞参与突触形成。但是，慢性压力会使这些树枝变短，它还会影响细胞与细胞之间的沟通，从而阻碍大脑细胞之间的电流共振，而细胞之间的电流共振是信息处理的关键，这直接导致前额皮质以及海马体的正常发挥，因此，大脑无法好好控制情绪。

因为情感大脑难以正常控制情绪，因此，其对外部条件更加敏感。此时，前额皮质中的树枝会缩短，但杏仁核的树枝却延伸。最新研究表明，慢性压力的感知力与前额皮质的大小成反比。相比于正常人士，处于慢性压力之下的人士所感受到的突发性压力会更加强烈，时间也更加长。

思想决定行为，思想决定人生。我们在塑造技能的同时，技能反过来影响着我们。

——马歇尔·麦克卢汉（Marshall McLuhan）

该生气的时候就生气吧，因为内心的愤怒得不到排解就会形成慢性压力，久而久之，生理症状就会形成，如高血压。慢性压力会损害前额皮质，因而工作记忆会慢慢下降，认知灵活性也会逐渐降低。此外，前额皮质控制注意力以及自控力的功能也会大大下降。我们会因外部世界以及个人经验的感受变得失衡，我们的脑袋开始变得消极，当存在疑惑时，我们总钻牛角尖。我们总是不能摆脱消极的情感和消极的思想，因此，我们越来越难集中精力处理手头上的工作。于是慢性压力会越演越烈，并最终形成抑郁症。

当今社会，越来越多人患有高血压、肥胖和胰岛素抵抗[1]。研究表明，交感神经处于高态势是这些病症形成的原因之一。此外，交感神经与副交感神经的病态性失衡严重影响着我们的心脏

[1] 胰岛素抵抗：人体对胰岛素降糖作用的敏感性下降，导致需要超量的胰岛素才能达到正常降糖效应的状态。它是肥胖、高血压、糖尿病及动脉粥样硬化等多种疾病的共同危险因素和基础。

功能。在这种情况下，我们的心脏并不能良好地适应新的环境，因此，人类遭遇突发性心脏病的概率越来越大。因此，保护理性大脑的健康可以延长我们的寿命。

突发性压力与慢性压力的关系

前面我们把大脑比喻成一支管弦乐队，如果我们的理性大脑不能有效控制这支管弦乐队，那么漂亮和谐的音乐将会变得一团糟。也就是说，我们的行为以及情绪规范功能已经崩塌。于是，我们的情感大脑会因外部环境做出不恰当的反应。我们可能会严重混淆欢乐和痛苦、收获和失败。慢性压力会削弱理性大脑的功能，使其不能有效控制大脑这支管弦乐队。随着损害的不断增加，大脑细胞的连接也会改变，这导致我们对不必要的、轻松的情境做出过激的情绪反应。因此，慢性压力会不断打扰你的日常生活，让你不得不面对越来越多的“压力”情境。

此外，慢性压力会影响恢复能力，一个人的慢性压力症状越明显，他消化压力源的时间就越长。有时候消化压力所需要的时间甚至比两个压力的间隙还要长。因此，慢性压力会越演越烈。在慢性压力越来越明显的时候，我们的生活方式、饮食方式、睡眠模式以及其他一切行为都会大受影响，这些影响反过来会加强慢性压力对大脑的损害，因此，慢性压力的消极影响越演越烈。

强大的理性大脑是慢性压力的暴风眼，增强理性大脑的功能是对抗慢性压力的关键策略。

对抗压力的策略

大脑之所以能够对突发性压力做出特定反应，是因为大脑能够调动自己以及身体内所有系统，使它们联合起来产生一系列连锁反应和改变。在面对突发性压力时，人体会产生诸多变化，而本书讲述的压力应对策略主要涉及以下七种：

1. 情感大脑处于高度警惕状态。

2. 产生恰如其分的压力激素。

3. 突触的重新塑造可能会有所增加（此外，研究表明，在面对压力时，老鼠会生成新的细胞）。

4. 生物钟暂时性混乱。

5. 发热。

6. 暂时性胰岛素抵抗。

7. 突发性激动。

以上七种人体反应正是压力的七种发泄媒介。在面对压力时，这些症状有助于消除迫在眉睫的危险。高度警惕的情感大脑可以使我们防范暗处的攻击者。愤怒可以使我们坚定自己的立场。

皮质醇和其他激素以及信号可以有助于我们保护自己。发热可以使我们远离病菌通过伤口侵入我们的身体。失调的生物钟可以培养我们的适应能力，使我们能适应异常的情境。胰岛素抵抗可以防止身体大量吸收血液中的糖分，使大脑拥有足够的糖分。激动的心情可以促进我们采取行为，消除不必要的犹豫。增加的突触塑造能够提升我们吸取经验教训的能力。然而，这七种机能会随着压力的消失而消失。

慢性压力患者也会面临这七种状态，但研究表明，慢性压力与突发性压力所面临的症状具有细微差别。在慢性压力患者身上，这七种状态会更加明显。

1. 情感大脑总是处于衰弱状态，它总是难以发挥正常的监管功能。

2. 在面对压力时，身体释放的皮质醇要不太多，要不太少。

3. 突触可塑性功能会下降（老鼠体内生成细胞的能力也会消失）。

4. 生物钟会永久性失效。

5. 慢性炎症。

6. 胰岛素抵抗可能会成为身体的一种慢性疾病。

7. 对享乐以及成功的长期性畸形动机。

如果我们细致研究一下，我们就会发现除压力外，饮食失调、生活方式失调以及其他一切行为失调都能导致与这七种状态相关的疾病。例如，上述提到的慢性炎症可能是由于不健康的饮食方式造成的，这可能根本与压力没有半点关系。还有上述提及的生物钟失调，如果我们的睡眠时间本来就不稳定，或者我们需要换班工作，那么我们的生理规律本来就不规范，这跟我们是否遭遇压力没有半点关系。如果我们利用一切可能消除怒火、采用一切办法保持规律作息，那不管是否面对压力，我们都可以有效地消除与这七种状态相关的疾病。

本书介绍的对抗压力的策略主要是围绕这七条线路展开的。通过防御以上七种状态，我们就为抗压筑起强大的护城墙。我们需要清楚认识自身的生活陋习，从根本上消除饮食问题、生活方式问题以及其他一切行为问题，只有这样，我们才能从根本上消除与其相关的疾病。当压力把我们推向某种状态时，我们可以主动反攻，我们是可以战胜压力的。

抵御压力的七种方法

通过防止这七种状态，我们可以建立强大的对抗压力的策略。在这个过程中，我们可以培养理性大脑回路，从而回归到健康的生活方式。

路线 1：改善情感掌控能力

如果你频繁或易于感到压力巨大，如果你较平常更容易发脾气，如果你过度担忧或者压抑，那控制情感反应的前额皮质就会出错。最新证据表明，我们可以通过掌握特定的训练技巧来提高自己的情绪控制能力。

路线 2：监控压力激素

慢性压力会引起压力激素皮质醇分泌过多或者过少。压力激素水平异常，会损害大脑细胞的结构，影响大脑细胞的功能，也会损害构成理性大脑的胶质细胞。如果我们能够改善自己的生活方式，优化自己的行为，即使做出压力反应后，我们也能够调整压力激素水平和血液中的各类指标，使其重新达到平衡状态。

路线 3：促进理性大脑的健康活动

大脑拥有记忆功能、学习功能以及判断决策功能，此外，大脑能够不断更新现有的细胞连接，不断形成新的突触连接和突触网络。但是，慢性压力会破坏这些活动。如果我们能够采取措施促进这些活动的进行，主动刺激理性大脑的成长，我们就能够抵消慢性压力给我们带来的不良影响。

路线 4：调整生物钟

我们体内的每个系统、每个功能部门都受生物钟的指挥和限制。实际上，大脑和身体各个位置分布着成千上万的生物钟，这些生物钟都受诱导信号的调节。如果生物钟失调，全身上下的生化反应以及生理活动都会失调。慢性压力破坏我们的生物钟，体内失调的生物规律会严重影响大脑的正常运行。因此，我们可以通过改善饮食、改善生活方式、改善行为模式来确保生物钟的规律运行，这样我们就能够消除压力给我们带来的困扰。

路线 5：消除慢性炎症

炎症影响突触的可塑性，导致突触连接错乱及异常。通过改善饮食和优化生活方式，我们可以消除炎症根源，减少肠道通透性（导致炎症的原因之一），并有效对抗压力引致的炎症。

路线 6：消除胰岛素抵抗

胰岛素影响神经传递及突触可塑性。能量供应是突触可塑性、前额皮质网络活动以及海马体网络活动的基础，如果葡萄糖水平异常，这些活动将大受影响。我们需要形成长期规律性的生活方式，如健康饮食、规律运动等，这样我们就可以降低胰岛素抵抗形成的风险。

路线 7：追求快乐和成功

如果前额皮质能够正常发挥规范行为的功能，前额皮质就能够调节相关回路，使其能够正常处理快乐感、成就感以及动力。如果此功能失常，那我们就会混淆快乐与痛苦。而慢性压力是导致快感缺乏的主要原因之一。但是，我们可以通过改善行为和生活方式达到保护奖赏回路的效果，这样我们就能动力满满、乐观豁达、积极向上！

其实，抵御压力的措施就像一面墙壁，一砖一瓦都十分重要。每一块砖头都能各司其职，有些保护肠道，有些确保生物钟的规律运转，等等。每一单独的砖块都有其存在价值，但是，只有将所有砖块拼凑起来，所有砖块同时发挥其作用，才会构成一面厚实的、坚不可摧的墙壁。同样，**抵御压力的侵害需要我们做出诸多改变**。通过把这些细微的改变联合起来，它们就能发挥强大的协同作用。如果我们能好好管理这些协同作用，抵御压力的强大城墙就会自然筑起！

让我们开始吧！

第二章

通过情感调节
来控制压力

压力什么时候到来

假如你打了一剂麻醉针，因此感觉不到疼痛。你很快在家里的沙发上入睡了。突然间，有人闯入了你家，他拿着弯刀砍向了你的右脚，然后迅速逃离。大量血液从伤口溢出。因为打了麻醉剂，你没有疼痛感，但是身体中存在着感应器一样的物质，它能监控你的血流。流失大量血液之后，这些感应器开始发挥作用。它们拼命想制止这一情况，但为时已晚。它们失败了，于是你死去了。如果及时，你是能够获救的，但一切都为时已晚！

如果没有打麻醉剂，在弯刀割伤皮肤、在血液从伤口处流出来之前，你就能感觉到疼痛，而疼痛感能够激发压力反应。你体内的救急系统就能早点发挥作用。 要是这样，你的脑袋尚能获得充足的血液供应，你还能爬到电话处拨打 911。这个急救举动比等待死亡快了一大步。

如果你未看见入侵者之前就能感觉他已经闯入你家，情感大脑就会做出剧烈反应，你就会做出压力回应。于是，你会为各种可能性做好准备，你会防范闯入者利用弯刀伤害你的行为。你会奔跑着去寻找电话，你会迅速报警，你或许会寻找武器，你或许会寻找一个安全的避难处，等待警察的到来。这些急救措施比等待死亡足足快了两步，比疼痛来临快了一步。虽然疼痛感和失血都会激起压力反应，但是直觉却拥有预知疼痛的力量。从这个角度来说，直觉能够制造时间！

人类的情感大脑不断进化。现在，情感大脑能够通过加速三个节点的急救措施来拯救我们的生命。以前，我们总是受到攻击后再做出反应，但现在，情感大脑能够帮助我们预测攻击，于是我们有充足的时间做准备。

在众多导致压力反应的路线中，现代人遇到的最常见的压力莫过于生理压力，这是当今城市化时代的恶果。我们每天都会遇到野蛮的陌生人，我们有着挑剔的上司，甚至我们的通勤都特别不容易，因为时刻都可能发生塞车。情感反应是我们进入压力源的入口。过去，情感反应能够给我们制造时间，拯救我们的生命。现在，情感反应会把我们推入更加危险的深渊。反复无常的情感大脑会把涟漪误认为海啸，会把手肘运动误认为是地震。微微细雨经波动的情感大脑处理后都会变成狂风暴雨。长年累月的过度情感反应会给大脑制造越来越多的麻烦。一周的“雨天”对我们的伤害不大，因此，我们比较容易恢复过来，但一周的“飓风”就很难说了。

情感调节

情感大脑就像压力燃料，能够激起我们的生理压力。一旦接触火源，情感大脑就会启动压力反应。慢性压力会降低情感大脑的情绪监控能力，更容易导致相关的压力反应。因此，我们需要防止情感大脑接触“火源”——压力。

当外部环境刺激我们的情感大脑时，我们可以压抑它、超越它、忽略它甚至转移注意力。我们可以利用强大的自控力使这些措施发挥得淋漓尽致。

我们可以通过提高自己的自控能力、改善自己的自我监管能力，从源头上控制消极情感的蔓延。我们可以发现，那些拥有良好自控能力的人往往能够更好地处理压力。常人认为的压力，他们只会当成普通情况处理，当面对真正的压力源时，他们也没有别人反应强烈。大脑影像研究发现，理性大脑中至少存在一个管理自我控制能力的区域，即背外侧前额叶皮质（dlPFC）。背外侧前额叶皮质也参与自我调节活动，以协助自我控制活动的实施。长期的工作压力能导致背外侧前额叶皮质的萎缩。而背外侧前额叶皮质的损害能够导致人类压力处理能力的下降。

习惯冥想的人比非冥想者更容易集中注意力。当我们因为某件事情而情绪压抑时，我们可以锻炼自己转移注意力的能力，我们可以将注意力转移到开心的事情上，我们可以从糟糕的事情上分神，这些都可以改善我们的情绪调节能力。而将注意力长期集中于某件事情上需要依赖一定水平的自控能力。

另一个防止情绪导火索点燃的策略是强迫自己以平和的心态去看待煽动的情境，降低其该情况的压抑水平。这一方法称为认知重评。强健的理性大脑能够促进认知重评能力。

通常，健康的大脑会使用组合策略掌控情绪，而面对的压力水平会指导我们选择特定的策略压抑自己的情感大脑。如果我们在街上被人推撞，我们可能会尝试重新解释这种行为，我们可能会使自己相信他们不是故意的，这样，我们的怒气就会得到平息。如果我们目睹一场可怕的意外，我们的大脑可能会下意识地删除所见到的一切，因为这一情境无论如何都不可能被重新解释。

通过情感掌握处理压力的策略有两种：短期修复和长期修复。短期策略着重指导我们使用从表面上压抑和解决消极情绪，而长期策略主要帮助我们培训和提高自己调节消极情绪的整体能力。

短期调节

在面对压力情境时，理性反应和情感反应会互相排挤。这就是为什么当我们难过时，我们很难集中注意力、很难理性地思考问题。我们越是紧张，越是想要调动自己的理性大脑，但我们往往难以在紧张的情况下发挥理性大脑的功能。

玩游戏

如果刚刚发生糟糕的事情，如果我们想压抑如洪水猛兽般的消极情绪，那么我们需要将注意力转移到别的事情上。我们可以尝试开启复杂的任务，这样任务就能迅速占据我们的大脑，注意力也会坚定不移地放在任务上。例如，我们可以玩手机游戏，但是并不是所有游戏都能起到这样的效果，我们需要找测试记忆力或者逻辑的游戏，我们需要找能够吸引我们所有注意力的游戏。

在一项小型随机对照实验中，11 名健康的志愿者被要求难过：他们被要求回想悲伤的往事，同时聆听悲伤的音乐。然后，研究人员要求他们从事一项工作记忆任务，或者玩 Tetris 游戏——一款测试玩家逻辑能力的游戏。在这一过程中，他们被要求保持悲伤的情绪。工作记忆任务要求志愿者在前一个数字的基础上加上当前屏幕显示的数字。研究人员要求对照组花费同样的时间观看屏幕上的十字架。大脑扫描图像表明，工作记忆任务和 Tetris 游戏都能压抑情感大脑对悲伤的反应。研究表明，无论是记忆力任务还是 Tetris 游戏，它们都能有效抑制海马体的活动，而单纯观看十字架则不能。

> 当遇到压力时，我们难免会感到压抑，但是，我们可以沉浸在类似 Tetris 的空间拼图游戏里，我们可以专心致志地玩记忆力游戏，直到自己完全沉迷其中，直到我们可以完全忘记刚才发生的事情。

进入“心流”状态

伟大的匈牙利心理学专家米哈里·契克森米哈赖发明了“心流”这一概念。“心流”是一种心理状态，处于心流状态的人们全神贯注，心无旁骛，他们专心致志地从事手头上的工作，把一切不想管的想法和感情都排除在外。处于“心流”状态的人们，他们正在从事的工作通常需要具有挑战性，因此，我们的理性大脑高度参与其中。但是，该任务不能超出我们的能力范围，如果过度困难或压力巨大，我们就会对任务失去兴趣。为了维持“心流”状态，最理想的活动是那些能持续提供难度适中的小挑战的任务。我们只需要付出恰当的努力就能解决这些挑战，解决了一个挑战，我们就有勇气继续解决下一个挑战，于是我们的理性大脑就能被持续有效地利用。

持续不断的挑战、成功和动力不仅能创造能量，还能使我们的理性大脑长时间保持全神贯注的状态。心无旁骛的理性大脑能够压制情感大脑的活动，防止不必要的消极情绪滋长泛滥。无聊的状态是消极情绪滋生的温床。契克森米哈赖在《心流》一书中列举了关于心流状态的例子，他向我们证明了心流状态能有效抑制无聊感。例如工厂里组装零部件的工人难免会感到无聊，但是通过复杂化自己的工作，通过限定时间这一策略，工人可以将简单枯燥的工作转为有挑战性的、有趣的任务，于是，无聊感慢慢消失，消极情绪得到极大的缓解。契克森米哈赖认为，练习瑜伽、聆听音乐、运动锻炼等都能有助于我们进入“心流”状态。

因此，当我们遇到压力时，我们可以尝试令自己进入“心流”状态，这样我们就可以压抑讨厌的消极思想。只要我们处于“心流”状态，我们就能压抑情感大脑的消极活动，因此在某种程度上，“心流”状态越长越好。有报道指出，善于运用“心流”状态的人们，他们的日常生活更加幸福，他们感受到的压力也比其他人少得多。但是，“心流”状态并不是简单的放松或者休息就能达到的。想要达到“心流”状态，我们必须专心致志地从事适当挑战的活动。切勿把工作视为压力源，把工作当作“心流”状态的契机吧，这样我们一定会更加快乐。

> 切勿把工作视为压力源，把工作当作“心流”状态的契机吧，这样我们一定会更加快乐。

- 当遇到压力时，立即进入“心流”状态吧！
- 开放思维，尽可能多地为自己创造“心流”机会。
- 不管遇到简单枯燥的项目，还是遇到有趣有难度的任务，我们都可以选择以挑战性的方式完成它。通过优化项目，我们就可以在工作的过程中达到“心流”状态。

长期调节

培养注意力、自我控制、自我调节以及认知重评都能够帮助我们规范自己的情绪。此外，它们还能通过影响其他功能进一步增强情绪管控能力。（通过提高一项技能，我们的其他功能也会相应提高）。因此从长远来看，如果我们能够练习并提高以上的任意一项，我们就能够控制讨厌的消极情绪。

培养注意力

每当我们主动脱离某种想法，每当我们主动转移注意力，每当我们将注意力集中到具体目标上时，我们的理性大脑都在发挥强而有效的作用。相关证据表明，我们利用理性大脑的次数越多，我们的理性大脑网络就会变得越强大。也就是说，经常使用等于培训，经常使用注意力控制网络能够极大改善其功能。

1. 冥想练习

不断练习冥想可以锻炼注意力的控制功能。所谓冥想练习是指全神贯注地从事某项工作。我们可以通过将所有注意力集中到眼前的物体或者心无旁骛地想象脑中的画面来实施冥想练习。在进行冥想练习时，我们必须压抑所有杂念，即使被其他事物吸引，我们也必须马上回过神来，重新把所有注意力集中起来。

在工作中练习冥想

通常练习冥想时，我们都会选择闭上眼睛，然后脑袋全神贯注地想象自己喜欢的画面。但其实练习冥想是可以睁开眼睛的，是可以在工作间隙中进行的。选择办公室的某件物品作为注意力的焦点。例如，选择一只带有图画的杯子，把它放在自己的桌子上，放在自己的前面。在手机上设置两分钟的计时器，然后将所有注意力集中在该图片上。如果注意力被其他事情吸引，请立刻回答“正轨”！集中所有注意力！如果你觉得两分钟有点困难，那就从一分钟开始吧。如果你觉得两分钟太简单了，那就从五分钟开始吧。

大部分人在练习冥想时都会经历以下四个连续的、循环往复的阶段：

（1）先把注意力集中在目标事物上。

（2）脑袋会开小差，但是他们浑然不觉。

（3）他们开始顿悟，开始注意到走神的时刻。

（4）他们开始控制自己的杂念，把注意力重新放在目标事物上。

利用大脑扫描研究冥想中的大脑，我们就能发现，在阶段（1）和阶段（4），皮质区域里的背外侧前额叶皮质处于工作状态，因为在阶段（1）和阶段（4），我们的大脑正在控制自己的注意力，大脑正在把注意力集中到目标事物上。通过反复练习，我们就能改善注意力大脑回路的功能。这一发现给我们带来了巨大的启示。我们可以运用主观能动性“重新搭建大脑线路”。新的大脑回路必然更加强大，它们可以帮助我们控制自己的情感反应。因此，相比于不冥想的人，冥想者能够更加轻松地控制自己的思维和情绪。

专注力游戏也能改善我们的注意力控制能力，Tetris 游戏就是一个很好的例子。

• 每天练习冥想，我们可以随意选择目标，例如办公桌上的咖啡杯。

• 玩专注力游戏，例如象棋和记忆力游戏。

2. 把注意力转移到积极的事情上

习惯性制造消极思想会腐蚀我们的生活，改掉这一坏习惯吧！把注意力转移到积极或至少中性的事情上吧，我们的世界会因此而变得更好！我相信绝大部分人都曾无数次陷入消极的死胡同，即使在平凡的日子里，我们也会在不知不觉中向消极的思想投降。简单举几个生活中的例子吧！早晨起床拉开窗帘却发现外面正在下雨。我们想都不想就把下雨看作消极的东西，因为我们总是听到别人抱怨雨天。于是，我们以下雨为借口，继而陷入忧伤，这竟然不需要任何有逻辑的理由。洗澡却发现毛巾掉在了地上，是你女儿！你开始细想，你开始责怪女儿的粗心，你开始感到生气。像往常一样，你坐下来喝咖啡，但却发现咖啡已经喝光了，你只能喝茶。购物时，你不小心想起钱包忘带，你开始觉得沮丧。如果有记者冲进你的办公室询问你的感受，你理所当然地回答“糟糕透顶！”

为什么我们只选择消极的思想？情绪的抉择就像分岔路口啊，我们理应选择积极的想法的。当我们向消极思想低头时，另一个消极思想就会自然萌生。于是，我们陷入消极的旋涡。无可否认，认知控制需要依赖主观能动性。时刻留心情绪吧，因为理性大脑能有效防范情绪，却难以驱逐它们。时刻保持警惕吧，因为消极情绪会不断滋长蔓延，它们会占领我们的脑袋，令我们难以摆脱。时刻准备战斗吧，因为我们能轻松应付情绪源，却难以收拾海啸般的情绪潮。

为什么不往积极的方面想呢？当打开窗帘发现外边下雨时，我们应该感恩啊！感恩雨水滋润了干枯的草坪，感恩雨水缓和了连日来的闷热天气。当我们发现毛巾掉到地上时，我们不应该难为自己，不应该因小事情发脾气。我们应该立即将注意力转移到舒适的淋浴上。当发现没有咖啡时，那就好好品尝茶的滋味吧。我们要让自己相信此刻喝茶比喝咖啡更加美妙，这样我们就能真正享受茶的美味了。同样，就算记者闯进你的办公室，你也可以觉得美妙至极。

我们总是倾向于往坏的方面想，于是我们的脑袋会深陷其中。但是我们可以发挥自己的主观能动性，将注意力转移到其他事物上。然而一开始是困难的，因此，我们需要不断练习，直至驾轻就熟。

大脑能够记录生活的一切一切。生活只不过是记忆、思想以及感官经验的结果。我们的大脑会主动接纳某些思想，在构成生活的同时，反映着我们对生活的印象。因此，如果我们的脑袋总是创造快乐的想法，总是接受积极的思想，我们的人生也会相当幸福。

> 思想决定心灵的色泽。
>
> ——马可斯·奥勒利乌斯（Marcus Aurelius）

例如，当我们与 10 位客户会面，其中 6 位微笑，而另外 4 位板着脸。我们应该惦记微笑的 6 位， 因为这样我们会觉得会议令人舒心。千万不要对不微笑的那 4 位客户耿耿于怀，因为这样我们就会认为自己经历了一场灾难。会议就像我们生活发生的一切，如果我们把每天发生的事情当作恩赐，无可比拟的成就感就会降临到我们身上；如果我们把生活看作灾难，那我们每天都活在阴霾中，深陷悲伤，看不到任何希望。

• 下意识地训练自己的思维，当产生消极念头时，把注意力转移到积极的事情上。

• 我们需要不断练习，直至能轻易认识并处理消极倾向，理性地思考问题。

3. 延长全神贯注的时间

科技突飞猛进，我们的生活也变得简单起来。以前需要长时间集中注意力才能完成的任务，现在只需要吹灰之力就能成功。因此，培养注意力变得异常困难。当今社会的人们习惯性地三心二意，于是，我们开始精神涣散，我们开始依赖情绪直觉和大脑奖赏回路做决定。所以，我在此恳请大家远离科技，给自己创造一点清净时间。

• 每天晚上腾出一个小时，关闭手机，远离电脑，弹奏轻柔经典的音乐，看看书。就算大脑开小差，请继续坚持，至少坚持一个小时，这是对理性大脑的极大恩赐。

培养自我控制能力

自我控制就像肌肉，如果长时间使用或过度紧绷，肌肉就会疲累。但就像肌肉一样，经过培训，自我控制能力的有效时间会加长，承受能力也能更强。这一原理告诉我们，如果我们每天坚持锻炼自己的自控能力，我们的人生就会更加成功，因为至少在需要自控能力的领域，我们可以表现得更出色。在一项研究中，研究人员要求一组大学生在两个星期内锻炼自己的自控能力。他们需要规范自己的姿势、饮食习惯以及管控自己的情绪。两个星期后，自控能力的提高不仅表现在姿势、饮食和情绪上，还表现在其他不相关的方面（手柄测试）。例如，拒绝巧克力方面表现出的自控能力也改善了戒烟的效果。

如果这个理论是正确的，那每当做决定时，我们都可以培训自己的自控能力。只要我们细心观察，我们就能发现每一天都存在许许多多的“十字路口”。我们需要选择食物，我们需要决定时间消耗方式。在这个过程中，我们必须面对诸多诱惑，这些诱惑可能会唤醒我们的内在惰性。

> 抵御诱惑的最有效方法莫过于利用每一个机会锻炼自己的自控能力。

让我们来看一下以下的例子吧。周五下班之后，我们和朋友喝酒聊天。我们已经喝第三杯了，时间也不早了，我们需要早点回家休息，因为明早六点我们就要起床去健身室，但是朋友依然不依不饶地挽留我们，他们想喝完第四杯才让我们走。这时候，我们需要拒绝诱惑，坚决按照计划行事。又例如，我们在健身室举重，本打算举 20 次的，但是由于思想的不断诱惑，我们只想举 18 次，千万不要！坚持，一定要举到 20 次，因为这不仅能锻炼我们的肌肉，更锻炼我们的培训能力。

只要我们每周锻炼 3 次，一年就能锻炼 150 多次。因此，我们必须要坚定，不能向诱惑屈服。

心脏适应新情况的能力，即心率变异性（HRV）能在总体上反映前额皮质控制大脑其他部位的能力。更详细地说，能反映前额皮质的情绪规范能力以及自控能力。HRV 指数会因抵御诱惑而上升，这一点能很好地说明以上的观点。在一项研究中，研究人员要求一组大学生在一碟胡萝卜和一碟美味的曲奇之间做出选择。大学生需要战胜自己的欲望，它们需要利用自控能力拒绝曲奇的诱惑。在这个过程中，研究人员发现 HRV 部分指数呈现上升趋势。

培训自我调节能力

目的每时每刻都引导着我们的生活。无论是细微的目标（阅读某个句子）还是较大的目标（五点之前完成工作下班），都像上述胡萝卜的例子一样，植根于我们的脑袋中。而自我调节的过程就是我们控制自己选择胡萝卜的过程。不管我们需要面对什么样的情景，也不管我们需要处理什么样的任务，自我调节赋予我们“完成工作”的能力。自我调节过程包括自我控制、认知训练以及做决定。更为重要的是，自我调节能够引发我们的情绪管控意识。因此，只要我们擅长于自我调节，我们就能出色地限制自己的情绪反应。

让我们回顾一下自我控制的例子。我们可以运用自我控制理论改善自己的自我调节能力。研究表明，背外侧前额叶皮质是理性大脑参与自我调节的关键部位之一。音乐家是典型的自我调节强者。因此，研究发现，音乐培训可以增加背外侧前额叶皮质的大小。

现在让我们从大脑的奖赏机制方面研究自我调节。大脑的奖赏分为两种，其中一种称为即时奖赏。即时奖赏不需要我们付出耐性，几乎不需要努力，不需要计划，也不需要自我约束。因此，即时奖赏也被称作“惰性”奖赏。例如，我们摁一下按钮就能获得一块饼干，我们赌博赢了一千美元。而另一种奖赏被称为延迟满足奖赏。延迟满足奖赏要求自我调节。因此，我们可以通过选择延迟满足，而不是即时满足，来锻炼自己的自我调节技能。

我们可以通过锻炼自律性、耐性以及情感调节能力来培养自己的自我调节能力。因此，选择与这三方面相关的挑战不失为一个绝好的锻炼自我调节能力的方式。例如，学习一样新的乐器、培养一项新的技能、学习一种新的语言以及锻炼一种全新运动都是提高自我调节能力的有效途径。此外，我们还可以通过锻炼其他理性大脑相关的技能来改善自己的自我调节能力。例如，研究表明，我们可以通过练习和改善工作记忆能力来提高饮食方面的自我调节能力，也可以利用智能手机上的相关练习来加强自我调节能力。

- 利用一切机会，放弃即时满足，追求延迟满足。
- 选择并完成具有难度和挑战性的任务。
- 根据现时的任务背景，给自己创造新的项目。

让我们来看看情绪调节的好处吧。数学焦虑是一种常见的现象。患有数学焦虑的人群在处理数学问题时会不自觉产生消极情绪，因此，他们的数学测验成绩都很差。大脑扫描发现：在面对数学问题时，数学焦虑症患者的情感大脑被瞬间“激怒”。因此，如果能够很好地控制自己的情感，患者就能出色地对抗数学焦虑症。

即时满足与延迟满足

斯坦福棉花糖实验是斯坦福大学在20世纪60年代所做的一系列实验之一，它被称为里程碑式的实验。在实验中，研究人员告知托儿所的小朋友在一支即时获得的棉花糖和两支延迟获得的棉花糖之间做选择。多年的跟踪发现，那些选择延迟得到两支棉花糖的小朋友一般 SAT 成绩较高，学习成绩也较好，人生也更成功，这是选择一支棉花糖的小朋友所不能达到的。

认知培训

通过培养认知技能，我们可以改善自己调节情绪的能力。因此，规律地参加认知技能相关的活动是提高情绪调节能力的明智选择。科学研究表明，我们可以通过改善某一领域的能力（如记忆能力）来提高其他领域的技能（如注意力控制能力）。例如：记忆力良好的大脑能够产生更多对抗消极情绪的“马力”。因此，如果悲观的人群拥有良好的工作记忆力，他们就能轻易摆脱消极情绪，进入积极思维。这就证明记忆力的提高可以改善注意力控制能力。又例如，当我们运用认知技能处理某些情况时，我们可能会不自觉地调动自己的注意力控制能力、自我控制能力以及自我调节能力。因此在这个过程中，这三方面的能力也会得到训练和提高。

研究表明，工作记忆游戏能有效调节情绪。在一项研究中，研究人员要求志愿者记忆一组字母的顺序、记忆一组动物的先后顺序以及记忆一组地点的先后顺序，每组记忆持续 20 天。20 天后，他们不仅提高了自己的工作记忆能力，还改善了自己的情绪调节能力。

1985年，日本设计师Shigeru Miyamoto和Takashi Tezuka发明了一款游戏《超级马里奥兄弟》（日本名：*Supa Mario Burazazu*）。研究人员利用《超级马里奥兄弟》进行实验。在实验中，研究人员要求23个志愿者（平均年龄24岁）连续两个月每天玩3D游戏《超级马里奥兄弟》30分钟。两个月后，玩家的背外侧前额叶皮质发生了变化，其右侧容量明显加大。虽然这一研究结果不能直接推测玩家改善了自己的情感调节能力，但右侧背外侧前额叶皮质可以通过认知重评和注意力控制实现调节消极情绪的功能，这是不争的事实。

让我们尝试玩不同的游戏吧：

- 测试工作记忆的游戏
- 引发思考的游戏
- 锻炼空间感和方向感的游戏，例如Tetris
- 培养观察能力的游戏
- 调动各种技能的游戏
- 每天至少玩15分钟

神经反馈游戏

视频游戏犹如雨后春笋，迎来新一轮发展。这些视频游戏主要运用神经反馈，给玩家带来真实的体验。游戏包括野外冒险以及难度较大的挑战。游戏给玩家“装上了感应器”，玩家的大脑电流运动、脉搏跳动、血压以及皮肤湿度时刻受到监控。因此，游戏能够测试玩家在不同情境的情绪反应和压力。

值得注意的是，压力会影响我们的操纵能力。当面对挑战时，我们难免会产生压力，如果处理压力的功能失调，我们就很容易失败。例如，赛车是一项刺激的任务，于是我们容易变得焦虑，焦虑严重影响我们的操控技能，于是车子开始失控。想要车子重回正轨，我们必须迅速调整自己的情绪。我们必须控制自己的压力反应，我们必须让自己平静下来。这正是这个游戏的意义所在，也是其吸引力所在。绝大部分人不懂得如何平静自己的心态。我们不懂得如何调动相关的大脑回路，不懂得如何实施情绪调节功能。

不懂就要学习！我们可以通过神经反馈了解自己的情绪。采用一切举动、利用一切资源降低压力回应、平静心情是下下策。真正解决情绪的举动是无形的，我们不能用言语描绘。虽然我们能够意识到外在的行为，但真正有效的举动是自主意识与潜意识的集合体。因此，大部分的行动都是盲目的，他们不能解决情绪问题。回到游戏就能发现，这些行为确实无效，因为车子还是失控。因此，我们需要采用其他技能。控制呼吸、控制专注力、改变角度看待问题等都是有效的方法。通过这些方法，我们就能找到解决情绪的想法或行动，我们就能重新掌控车子。只要尝试，只要加强练习，我们就能熟悉控制情绪的奥秘。

通过这种神经反馈游戏，我们可以获得积极的反馈，于是我们知道什么行为可以有效控制自己的情绪（标志是车子重回正轨）；我们可以获得消极的反馈，于是我们知道哪些行为是无效的，它们不能消除消极情绪和压力（标志是车子继续失控）。根据这些反馈，我们可以下意识地规范自己的情绪反应，我们可以降低自己的心率和呼吸速率。

在学习控制大脑的过程中，我们可能不完全理解自己的具体行为。在这个过程中，大脑会探索诸多方式直至找到正确有效的为止。为了巩固大脑回路，我们必须反复练习正确的大脑回路。这样在面对外部世界的压力时，我们才知道自己应该做什么，我们才能规范自己的情绪，控制自己的压力回应，以及平静自己的心态。

想要有效控制情绪，掌握精神反馈的时间也是非常重要的。压力反应会越演越烈，越来越难平息，因此刚出现苗头时，我们就要及时制止。我们可以用灭火来理解这一现象。刚出现火苗时，只需要吹灰之力就能将其熄灭；但当火苗蔓延至熊熊大火时，灭火工作难如登天。精神反馈游戏能够帮助我们认识最初的压力反应迹象。我们必须懂得平静自己的心态，我们必须学习主动干涉情绪，这样压力策略才显得尤为有效。

练习瑜伽与神经反馈游戏有着相似的效果。

瑜 伽

练习瑜伽需要注意力的高度集中和自我调节功能的有效发挥。研究人员曾经细致分析瑜伽练习的作用，他们发现瑜伽与神经反馈培训有着极其相似的效果。事实证明，瑜伽能够平衡交感神经系统和副交感神经系统的活动。研究发现练习瑜伽能有效治疗抑郁、焦虑以及创伤后应激障碍。这可能是因为瑜伽练习不仅能锻炼身体，还能培养出色的自我控制能力。

> 瑜伽为你的自我控制提供了极好的锻炼。

脖子、胸部以及心脏位置分布着诸多微小感应器，这些感应器能够检测血压的变化。当我们低头时，感应器就会发挥其功能。不同的低头角度（如把头放在心脏上面和下面）会产生不同的血压。感应器将这些不同信号传递至大脑，大脑根据接收到的信号调整交感神经系统和副交感神经系统的态势。例如，如果我们对脖子施加物理压力，脖子附近的压力感应器就会“认为”血压很高，这种信号会刺激副交感神经系统，从而降低血压。然而，瑜伽练习中同等角度的动作则会起到相反作用，它会提升交感神经系统的态势。此外，耳朵内部也有一些接收器，只要我们改变头部的位置，这些接收器就会触发交感神经系统的活动。

练习瑜伽时，我们需要做出不同的姿势，我们需要往前往后，在这个过程中，我们不断“挑逗”感应器，刺激它们交替调整交感神经系统和副交感神经系统。传统的哈达瑜伽要求我们将动作持续一段时间。单脚保持平衡是一个最常见的例子。练习瑜伽时，我们的自主神经系统会异常活跃，但是皮质则必须实施控制功能。于是，我们就能处于冥想状态和自我控制状态。

瑜伽要求的静止状态必须依赖自我控制。如果我们不能控制自己，焦虑不安、压力巨大时，我们就会摇摆不定甚至摔倒。这些经验会引发神经反馈。初接触此类神经反馈游戏时，我们并不能有效地控制自己的情绪反应，也不能很好地调整自己的压力反应。但是经过反复练习，我们就能知道什么适合自己，怎样才能有效地调节自己的情绪。调整压力的有效途径通常涉及转移注意力、控制呼吸以及用更加理性的角度看待问题。通过反复练习以精神反馈为基础的电脑游戏，母子大脑回路的情绪规范功能就会变得更加强大，这不仅仅能提高游戏的得分，还能应用到日常生活的各个方面。

心率变异性与自我调节能力相关，而哈达瑜伽能提高我们的心率变异性。在练习瑜伽时，每一个动作都会引发肌肉的舒展、收缩以及恢复，这种肌肉恢复会刺激副交感神经系统，使其处于某种程度的紧张状态，于是，我们就能自上而下地规范自己的压力反应。因此，每一个动作的结束都能带给我们轻松的感觉，因为它能够引发一系列的身体及大脑反应，达到舒缓情绪的作用。

研究发现，相比于动态瑜伽、流瑜伽以及跌宕起伏的瑜伽形式，哈达瑜伽能够给心率变异性带来更大的好处。

为了更好地训练我们的前额控制能力，我们可以选择让自己感到不舒服的姿势，也可以选择注意力要求更高的动作。热瑜伽非常符合这一要求。虽然尚未有科学证据可以证明热瑜伽与情绪管控有必然联系，但是在热环境中保持平衡让我们更加难以集中注意力；在这种情况下，脑袋也需要花费更大的努力保持内心的平静。因此，热瑜伽非常具有挑战性，也具有十分明显的修炼效果。

把传统的哈达瑜伽当成日常生活的一部分。如果时间有限，那就选几组动作吧！注意选择的动作必须能够锻炼我们的平衡能力和专注力。

改变认知评价

你是否曾经听过这句谚语："外部世界只不过是主观意识的反映，改变看待事物的角度，事物就会如你所想。"面对压力时，情感大脑会占据上风，理性大脑不得不暂时让渡其控制功能，于是认知功能失调。面对压力时，我们只能利用情感大脑判断形势。情感大脑能够"预测"危险，为我们争取更多时间。出现危机情况时，情感大脑能够快速扫描周围的环境，但情感大脑判断环境时会偏颇，因此，观察结果一般是消极的。此外，情感大脑的认知功能是相当粗糙的，在认知过程中，情感大脑会不自觉地加入情绪因素，认知出现偏颇之余，还不能发现较为复杂的迹象。因此，情感大脑对环境的认识是扭曲的、不真实的。在认知能力方面，情感大脑并不能与理性大脑相提并论。如果只依赖情感大脑做出的判断，我们就会做出错误的假设，这会导致情感大脑的“扭曲”功能愈演愈烈。偏颇的判断会加剧压力反应。在判断形势方面，情感大脑存在着可怕的瑕疵。因为情感大脑不能识别所有事实，因此不能形成正确的结论。相反，情感大脑只会在偏见的基础上直接得出消极的结论。在这个过程中，情感大脑不得不改变客观事实，就像火上浇油一样，情感大脑不断煽动我们的情绪。

认知重评是对形势的再判断，是摆脱情感大脑控制之后的理性活动。认知重评要求我们用理性的思维重新检查证据，在这个过程中，我们必须关注细节以发现情感大脑所忽略的事实。通过认知重评，我们能够收集足够多的证据，还原事实真相，剔除绝大部分情绪因素，大大降低压力指数。我们需要不断锻炼认知重评能力，这样才不至于任由情感大脑摆布，减少情感大脑带给我们的情绪创伤。

1. 发现问题的关键

法国哲学家埃米尔·奥古斯特·沙尔捷（Emile Auguste Chartier），笔名阿兰（Alain）在其作品《论幸福》（*Propos sur le bonheur*）中提

到找出问题关键的重要性。护士觉得婴儿哭纯粹是想闹。他们没有发现问题的关键。婴儿哭可能是因为纸尿裤松开了，他们感到不舒服。找出问题的关键（通过认知重评）能够改变我们看待事物的态度和角度。例如，如果我们发现别人伤害自己是因为其失业，他们的伤害只是因为发泄内心的愤怒，知道这一事实后，我们就不会因为其伤害而受伤。将问题的关键放在压力源的中心，这样我们就不会成为“伤害”的牺牲品。

2. 从别人的角度思考问题

事实证明，采用第三人称回顾不愉快的情景能够降低其消极影响。以观察者的身份看待发生在自己身上的消极事件不仅能帮助我们看清楚事实真相，还能降低情绪对我们的影响。脱离受害者的枷锁，我们就能将重心放在伤害我们的人身上，或许我们就能够看到不一样的“事实”，能合理化对方的行为，找到解决问题的关键。

3. 多思考“怎么样？”“为什么？”

合理询问“怎么样”和“为什么”是认知重评的又一重要策略。“为什么”能激发我们深沉的哲学思考，而“怎么样”能激发我们对于事实的探索和追求。

成功时，询问自己“为什么？”比“怎么样？”好！

失败时，询问自己“怎么样？”比“为什么？”好！

成功时，询问自己“为什么？”

“为什么”能够引发我们关于存在主义的思考。“为什么”能激发我们的哲学智慧，我们就像哲学家一样考虑、沉思、想象以及假设。虽然消极的沉思能带来消极的思想和行为，但积极的沉思能延长我们的幸福感。只要我们与积极的思想共舞，我们就能时刻保持好心情。

失败时，询问自己“怎么样？”

“怎么样”这个问题迫使我们依据事实进行分析，它能激活我们的理性大脑。思考“怎么样”时，我们关注的是事实，而非自己的“观点”。思考“怎么样”时，我们就能摆脱情感大脑的纠缠，调动理性大脑，专注于客观事实。

请看以下例子。你输掉了自行车比赛，因为最近你得了流感还未完全康复。面对失败时，“为什么”与“怎么样”有什么区别？这两个问题引起的思考过程有什么差异？

问题 =“为什么？”时

答案 = 我不是一位出色的自行车选手 / 我就是一名失败者 / 我太弱了 / 我太倒霉了 / 我永远都不会赢的。

问题 =“怎么样？”时

答案 = 比赛比我平时练习的要难。在上坡路段，我根本喘不过气来，我平时都不是这样的。从那时起，我就追不上其他选手了。我之前得了流感，上个星期才恢复过来，自从恢复以后，我就发现自己的耐力大不如前。我需要多加锻炼，这样持久力才能恢复到正常水平。

询问自己“怎么样？”能在最大程度上降低失败的消极影响。

“怎么样？”这个问题能防止我们掉入自我贬损的陷阱，防止我们陷入消极的深渊。同时，它还能促使我们找到前进的方法，尽早走出失败的阴影。对抗压力的关键在于主动出击。我们需要积极采取行动应对问题，而不是被动消极或者投降。

如果不采用理性的方式解决问题，而采用逃避的方式远离压力，那压力还是存在于我们体内。得不到解决的压力会长久停驻，而且时不时会跑出来恐吓我们。在不经意间，特别是在失意的时候，我们便会想起这次不愉快的经历，我们的消极情感再次被点燃。反复出现的消极情绪其实是大脑尝试解决问题的外在表现。在一项研究中，研究人员要求两组大学生同时参加一项超高难度的测试，目的是让他们的心情变得糟糕起来。研究人员鼓励其中一组大学生以“为什么？”的方式思考，即询问自己“为什么会发生这样的事情”。研究人员鼓励另外一组大学生以“怎么样？”的方式思考问题，即询问自己“这样的事情是怎么发生的”。然后，研究人员要求两组大学生把自己的所想全部记录下来。12个小时后，与“怎么样”的一组相比，“为什么？”的大学生的情况变得越发糟糕，他们不得不与消极情绪死死纠缠。很明显，“怎么样”引发的理性思考在其中起了作用。

4. 记录

记录是认知重评的有效方式。如果对过去的某件事耿耿于怀，如果脑袋中因此而充斥着消极思想难以自拔，那不妨尝试以文字的方式呈现事情的真相吧。文字能够帮助我们进入理性思考，远离消极情感的困扰。事实证明，记录事实真相能够帮助我们缓解社会焦虑感。

- 让积极的思想在脑海盘旋——思考问题的积极方面，不要让消极思想战胜积极思想。
- 找出问题的关键
- 以观察者的身份重评让我们产生消极情绪的情况。将情境图像化。
- 根据具体情况询问自己“为什么”或者是“怎么样”。
- 用文字还原事情的真相。

其他方式

双耳节拍[1]

双耳节拍被认为是探索大脑的革新性方法。新兴治疗方法通过运用双耳节拍原理使客户平静下来。利用处理过的音乐，让客户进入睡眠状态或者冥想状态的服务变得越来越普及。然而，双耳节拍研究仍然处于初期阶段，但就目前的发现来看，过去的研究成果实在有点敷衍。

双耳节拍的关键是“电波”，同步振荡电流信号的信息能够通过大脑细胞和星形胶质细胞网络传输。前额皮质可以控制分布于大脑不同位置的网络，在这个过程中，前额皮质就像是共振电流信号的指挥者一样，发挥着引导作用。认知功能包含注意力分配能力和决定能力等，这些能力使共振电流信号携带的电流发生波动，跟潜在神经网络产生共振电流信号的原理一样。

依赖大脑细胞和星形胶质细胞传输的电流信号能够以多个频率产生共振。请看以下可以产生共振的频率例子：

- Alpha：8~13 赫兹
- Beta：15~30 赫兹

[1] 双耳节拍：1839 年，一位德国心理学家发现了“双耳节拍”效应。当两只耳朵同时分别接收到频率稍有不同的相同音乐时，收听者会感觉声音是直接从大脑深处发出来的。

- Gamma：31~100 赫兹
- Delta：0.1~3.5 赫兹
- Theta：4~7 赫兹

研究发现，某些电流信号共振能够发挥情绪管控的作用：

1. 当遭遇压力时，我们的理性大脑会尝试调节情绪反应。在这个过程中，Theta 电波（4 赫兹）会自然产生出现于其自身的网络中。Theta 的电波越强大，它能够发挥的情感调节能力就越强。

2. 当集中注意力或进行深度冥想时，Theta 的频率活动可能会发生变化。

3. 当转移注意力时，理性大脑网络区域的 Theta 和 Gamma 电流振荡活动可能会发生变化。

并非整个大脑都会产生相同的电波模式，也就是说，不同的位置可能会出现不同的电波，而且电波可以在其他相关的区域扩展。

电极放置在头皮表面可以形成电流或磁场，因此，我们可以主导电流信号振动的频率。电极能影响我们的行为。例如，引入 Alpha 大脑电波可以帮助我们抵御诱惑，集中注意力完成工作。此外，通过收听双耳节拍音乐，大脑也可以产生电流共振（这一过程被称为诱导）。

所谓双耳节拍，是指在两个不同的耳朵同时播放两种不同频率，但相差不大的电波。电波的频率必须小于1000赫兹，最好在300赫兹至600赫兹之间。而450赫兹至500赫兹的电波频率能达到最佳诱导效果。一只耳朵不能听到另一只耳朵的音乐。这样，我们就会觉得双耳节拍来自大脑。大脑会在两种不同的音调之间形成一种新的频率和音调。例如，一只耳朵接收450赫兹的音调而另一只耳朵接收454赫兹的音调，那大脑就会认为其是一个频率为4赫兹的Theta音调。

收听双耳节拍的目的在于诱导与双耳节拍一样频率的电流振动。收听双耳节拍可以引导大脑随双耳节拍的节奏“飞舞”。但是这不是必然的结果。虽然收听双耳节拍能够改变现有网络的振动，但大多时候我们并不能检测其效果和位置。一项研究表明，老练的冥想者收听Theta频率的双耳节拍时，大脑侧边就会产生Delta的振动（小于3.5赫兹），而非Theta的。跟老练的冥想者不同的是，冥想初学者收听上述双耳节拍会导致Gamma电波上升。研究人员没能在脑电图扫描中找到一致的规律及结论，但观察人体行为的实验却发现了令人信服的结果。

根据状态特质焦虑问卷（STAI），连续6天收听半个小时Delta频率的双耳节拍有助于改善轻微焦虑症障碍患者的病症。另一项研究同样利用状态特质焦虑问卷进行评估。评估结果表明，一期Delta波频的双耳节拍治疗可以使手术前焦虑降低26.3%。

Theta 波频的双耳节拍有助于身体从剧烈运动后恢复到放松状态。此外，Theta 波频的双耳节拍还能提高副交感神经功能及降低交感神经功能的活跃程度。

人类还未完全理解双耳节拍的工作机制，幸运的是，学术界、医学界仍然孜孜不倦地进行着这方面的探索和研究。双耳节拍音乐不仅能让我们身心愉悦，还比其他音乐更有益于身心。

事实证明，收听 Delta 频率的双耳节拍能够调节情绪。此外，我们可以通过尝试其他频率的双耳节拍，找出更适合自己的频率。我坚信日后会有更多这方面的研究，让受益范围更广。

抹　茶

研究表明，抹茶有助于理性大脑调节情绪。

抹茶是日本独有的一种茶，是粉末绿茶的一种。抹茶与其他绿茶不同，因为抹茶使用的茶叶蕴含最高的茶氨酸。当品尝绿茶时，我们自然地摄入磨碎的叶子，即我们能够摄入足够多的茶氨酸。与其他所有茶叶一样，抹茶也包含咖啡因。

摄入茶氨酸后，老鼠能够更好地调节情绪，压力水平也大大降低。茶氨酸在对抗人体压力方面也能发挥积极作用。研究人员发现，品尝抹茶萃取液能够极大地活化背外侧前额叶皮质的功能。你可以尝试：

• 品尝抹茶。

• 以抹茶取代咖啡。

额外提示：

抹茶有助于改善我们的精神集中能力。打坐前，日本和尚都会喝一杯抹茶，因为享用抹茶后练习冥想效果会更佳。

抹茶外交

千玄室博士(Dr. Genshitsu Sen)是乌拉森克茶传统(Urasenke Tradition of Tea)的第十五代掌门人，他用自己的一生诠释了抹茶的外交地位。“一碗茶的和平哲学”正是他一生的写照。“二战”后，千玄室博士不遗余力地推进世界和平，茶礼茶道是他实现和平的最有力武器。

让我们以茶道拉开会议或讨论的序幕吧，让我们在开始前先品尝一碗抹茶吧，这有助于我们解决问题！第一，一起喝茶就好像是欢迎新成员加入一样，喝茶相当于承认了在场的每一个人，大家都在同一阵线上。茶礼后，每个参与者都能放松心情，压力水平也相应降低。第二，等待开水的过程中，我们可以细听茶水翻滚的声音，这给了我们冥想的机会。这会激活我们的理性大脑，让我们能够控制自己的焦虑感、恐惧感以及愤怒。第三，送茶是给予的过程，给予能够产生优越感（这在后面会详细说明）。此外，送茶让我们相信对方是善良的朋友，因此，我们能放下戒备，惊恐情绪也得到缓解。第四，圆形的碗就像地球，碗内的抹茶就像大自然。千玄室博士总是说："我希望大家能感恩地球上的一切绿意，因为这是大自然和平的基础，也是我们欣赏大自然的基础。"感恩能平静心态。第五，事实证明，品尝抹茶萃取液能够促进背外侧前额叶皮质的活动，即品尝抹茶能够改善大脑的情绪调节功能。

茶道结束后，参与者都变得安详平和，一切焦虑、一切敌对情绪都烟消云散，接下来大家就会以理性、慎重、谦让的态度讨论问题。这就是 2012 年千玄室博士能获得联合国教科文组织（UNESCO）颁发的亲善大使的原因。

人们还利用千玄室博士的外交哲学处理恋爱关系、朋友关系以及工作上大大小小的事情。如果你即将要与霸道的客户会谈，请以茶道相待吧，这样，艰难的会议也会变得和平而成功。

第三章

通过调节压力激素来控制压力

当遭遇社会心理压力时，我们的大脑便会严阵以待，做出一系列连锁反应。大脑应对社会心理压力的反应会调动所有大脑网络，让身体也戒备起来。自主神经系统被激活，交感神经系统释放的信号也大大增加。大脑内有一个被称为蓝斑的部位，当面对社会心理压力时，蓝斑会改变其放电模式，导致去甲肾上腺素（旧称“正肾上腺素”）的释放。去甲肾上腺素的影响会反应在诸多部位，包括前额皮质和杏仁核，于是我们的认知功能和情感反应会大受影响。下丘脑会发出一种被称为促肾上腺皮质激素释放激素（CRH）的信号，这会导致脑垂体释放促肾上腺皮质激素（ACTH）。于是，肾上腺受到刺激进而释放皮质醇。这三种连锁反应被称为下丘脑—脑垂体—肾上腺轴。以上的反应在某种程度上互为交叉，互相影响。

压力种类不同，所引起的自主反应和下丘脑—脑垂体—肾上腺轴反应也会有轻微差别。20 个年轻的健康男性参加了一项随机对照实验。研究人员发现，相对于纯粹的社会心理压力，物理运动压力、严寒压力以及精神压力会给人体造成困惑。研究发现，社会心理压力产生的下丘脑—脑垂体—肾上腺轴反应最严重（以皮质醇为检测标准），而物理锻炼则能引发最强烈的自主反应。

人体做出急性压力反应行为的同时，体内会释放神经传导物质和激素。释放的神经传导物质和激素会互相调整，共同发挥协同效果。也就是说，一种激素会受其他所有因素的制约，但多种激素通力合作，共同发挥最佳效果。就像鸡尾酒一样，所有成分都恰如其分，所有成分对大脑的表现都至关重要。因此，我们能以最佳的方式回应压力并以最快的方式恢复过来。

鸡尾酒就像巧克力一样：少喝怡情，喝太多就会不舒服。试想想自己站在一个巧克力售卖机前面。每当你感到压力巨大时，售卖机就会挤出一条巧克力。我们慢慢地咀嚼巧克力，于是我们微笑，我们感到一切都好起来。但假设每隔几分钟我们就需要面对一次新的压力，而售卖机也很配合，它依然孜孜不倦地提供巧克力。由于巧克力来得太快，我们还未吞下上一条巧克力就必须吃下一条。最后，我们只能够嚼都不嚼就吞下巧克力。我们开始感到不适，但是我们的压力来得越来越频繁，巧克力售卖机开始感到压力巨大，因为它必须一条接一条地释放巧克力，完全没有喘息的时间。最终，售卖机瘫痪了。

让我们再来看看以上的例子。太多的压力让我们处于超负荷状态，而每一种引起压力的内在及外在因素都必须为这一超负荷状态负责。以下情况会将压力问题化：

1. 经常遭遇困难。

2. 虽然压力源已经消失很久，但体内的压力激素还是不断产生。

3. 在正常情况下，不会产生压力反应的情景，我们却不能适应或者过度反应。

第一次被叫进老板的办公室感到紧张是一件再正常不过的事情。但是，当第二次被叫进老板办公室时，我们的压力反应理应大大降低。这一能够“适应新压力”的特质是非常重要的，它能够减少我们的日常压力负荷。如果每次走进老板的办公室都感到压力巨大，如果每个星期都有一次这样的经历，那么我们的压力负荷就会变得异常巨大。

过多的下丘脑—脑垂体—肾上腺轴反应会损害“鸡尾酒”的平衡。血液和唾液中的皮质醇水平能够反应下丘脑—脑垂体—肾上腺轴的活动。因此，我们可以通过检测皮质醇的水平来评估社会心理压力反应的过程。如果用皮质醇水平来表示压力反应中下丘脑—脑垂体—肾上腺轴的受刺激程度，那么：

• 当压力消失时，我们想皮质醇停止分泌。

• 当面对压力时，我们想身体产生适量的皮质醇，不多也不少。

• 我们想要适应压力。

如何从压力中迅速恢复

> 停止纠结，停止细思极恐。

我们踱来踱去，脑中不断思索，不断回放着过去的情景。压力情景刚刚消失几秒，我们又忍不住在脑中回放。因为压力刚刚过去，所以我们的情绪调节能力还未恢复到正常状态。而再次回想起压力状况会极大地激发我们的情感大脑，于是压力反应完全消失又再次出现。即使只是脑中想象的压力而非身处其中，我们的身体也在不断产生新的压力激素。

试想，如果我们在上班的路上遇到了始料未及的交通堵塞，被困在路上一小会儿，我们就开始产生社会心理焦虑感，担心上班迟到这一压力激发了我们的压力反应。这些压力反应给我们的身体所带来的后果相当于我们跑了几段楼梯。然而我们都知道在正常情况下跑一段楼梯可以有益于我们的身体，但是，我们担忧堵车迟到的压力却有害无益。跑楼梯与坐在车子里等待的区别不在于过程发生的情况，而在于过程之后发生的事情，它们的区别正是堵车产生的压力使情感大脑过度活跃。

跑几段楼梯并不会“惹怒”情感大脑，因此，压力反应不会在跑楼梯结束之后仍然持续。当我们到达楼梯顶端时，我们的大脑是绝对不会不断重播刚才爬楼梯的过程的。但是，当遭遇堵车不得不坐在车子里等待的时候，我们的情感大脑开始“作恶”，我们的大脑开始塞满消极思想、恐惧和记忆。如果我们调节情绪的能力较弱，我们就会捕风捉影，我们就会在脑袋中虚构故事，“刻意”加剧状况。这会煽动情感大脑，让情感大脑进入异常的兴奋状态。在这种状态下，就算交通恢复正常，我们的大脑还是会继续与刚才的恶劣状况纠缠，不能摆脱。你是否意识到，这时候我们的大脑已经由事实主导转向想象操控。如果想象的威力足够大，我们的 情感大脑就会被“激怒”，我们的压力“按钮”就会持续打开，我们就会持续做出压力反应。

如果我们在压力消失之后不再与其苦苦纠缠，那么即使我们遇到的压力再大，它对我们的影响也是轻微的。如果我们在压力消失之后依旧与其苦苦纠缠，那么即使我们的压力反应再小，我们的情绪管控能力也会被大大削弱。在这种情况下，压力的影响就会相当大，因为下丘脑—脑垂体—肾上腺轴持续处于激活状态。 长期如此，我们就会进入抑郁状态。其实，对某一情景的压力反应包括面对压力时的反应以及压力消失之后的反应。如果我们总是与某事情苦苦纠缠，即使该事情本身并没有太大不妥，我们还是会感到压抑。“纠缠”的过程也被称为“沉思”。

沉思本身并没有害处，但如果我们对情绪反应的控制能力较弱，那沉思就会有害于我们的身心，因为它会过度刺激情绪反应。

如果我们的生活充满压力，如果我们的理性大脑不能像正常人一样指挥大脑网络，那么控制好沉思是有益无害的。沉思倾向能够引发抑郁状态。停止与问题纠缠能够抵御抑郁。专家正在研究沉思的应用，停止沉思有可能成为治疗抑郁的一种策略。

当交通恢复正常时，我们必须停止与刚才的糟糕情况纠缠，召唤自己的所有力量和意志，把注意力转移到新的目标上。如果我们能够控制自己的思想，就能够防止大脑与消极因素纠缠，也就不太可能受到压力反应的长期困扰。因此，经历压力状况后最糟糕的做法是放下所有事情而选择完全放松。让我们保持繁忙吧，让我们将注意力集中在此时此刻吧，千万不要完全放松！

> 经历压力状况后最糟糕的做法是放下所有事情而选择完全放松。

在一项对比不同压力类型的研究中，研究人员要求两组志愿者完成一项精神算数测试。测试令志愿者感到压力巨大，与能够以轻松状态完成测试的人相比，测试令志愿者感到疲倦厌烦。两组志愿者都觉得测试经历让他们感到情绪压力。测试之后，研究人员为一组志愿者提供了一个安静舒适的环境，让他们好好放松；另一方面，研究人员则要求另一组志愿者参与一些难度较高的工作，并要求他们全神贯注。

继续工作的一组志愿者，他们的血压恢复得非常快。相反，第一组，即参加完测试后完全放松的那一组，因为注意力没有转移到其他事情上，他们只能与刚发生的事情苦苦纠缠，他们只能在脑海中不断重播刚才的情景。于是，相比于第二组，他们压力反应的持续时间更加长。还有其他研究同样发现了上述结论。如果我们在脑海中不断重复相同的情景，如果我们的情感控制能力相对较弱，那么即使再无关紧要的事情，也会疯长至无法逾越、压力巨大的问题。因此，经历压力后，我们必须分散自己的注意力，把注意力转移到吸引的事情上。与瘫在沙发上相比，这对我们的精神健康大有裨益。你是否曾经听说过这样的谚语："空虚的脑袋是滋生邪念的温床。"可能我们知道的只是表面真相，但它却蕴含了处理压力的奥秘。

总是纠结于某事某物，总是思前想后会令我们极度难以适应频繁出现的压力源。刚到公司的时候，我们会在老板走进办公室的时候感到心悸。过一段时间，我们就会习惯老板，我们的心悸现象也会随之消失。如果我们总是纠结，如果我们夸大事实，如果我们的脑袋总是将老板和恐惧联系起来，我们永远无法对老板产生亲切感。

压抑情感大脑的活动

在前面第二章的"情感调节"中我介绍了一些抑制情感大脑

活动的策略。在压力经历结束后，我们可以利用那些策略将自己的全部注意力转移到其他事情上。此时，我们必须让理性大脑主导自己，我们可以强迫自己使用理性大脑的相关功能，如记忆力和分析能力。

利用智能手机玩电脑游戏可以帮助我们调动理性大脑的功能，而且能帮助我们进入类似于工作的模式。游戏不能太简单，也不能太难，否则我们会失去兴趣，大脑就会想其他事情。在一项小型随机实验中，研究人员要求 11 名健康的志愿者回忆悲伤的情景，倾听忧伤的音乐，目的是让他们产生消极情感。但通过玩电脑游戏 Tetris 或者参加工作记忆游戏之后，他们成功处理了这些消极情绪。此外，在吃饭时玩 Tetris 游戏还能缓和我们对美食的热望。

运　动

轻度运动是我们从压力状态恢复到正常状态的又一方法。“最大 VO2”（最大摄氧量）是人体每分钟能消耗的最大氧气量。最大 VO2 与人体体重成正比。我们通常用 ml / (kg · min) 来估算最大 VO2。因此，我们可以通过测量运动消耗最大 VO2 的百分比来衡量运动的剧烈程度。在一项研究中，研究人员要求健康的男性志愿者以消耗最大 VO2 40%、60% 和 80% 的状态分别骑自行车半个小时。

当运动仅使用 40% 的最大 VO2 时，我们就能够降低皮质醇的水平。当运动使用 60% 或者 80% 最大 VO2 时，我们的皮质醇水平不降反升。

虽然情况因人而异，但是研究表明：轻微运动，即只利用最大 VO2 的 40% 或者以下的运动能降低我们的皮质醇水平。因此，工作间隙漫步周围是一个不错的选择，特别是照着音乐节拍散步或者跑步能带给我们非常好的体验。

如果我们习惯在压力之后沉思，那不妨尝试一下规律运动吧，因为它能改善前额皮质对下丘脑—脑垂体—肾上腺轴反应的控制，有助于减少纠结带给我们的影响。在一项研究中，研究人员要求两组中年妇女参与一项压力工作，在这个过程中，她们的皮质醇水平一直处于监控之中。之后，其中一组妇女久坐不起而另一组一直在活动。久坐的妇女，她们的沉思概率更高，因此她们的皮质醇上升得异常迅速，她们从压力中恢复过来的速度更慢。但即使某些活跃的妇女与久坐者的沉思概率一致，她们的皮质醇水平也没有久坐者上升得迅速，压力恢复能力也比久坐者好。因此，就算活跃的妇女也沉思，但她们的恢复能力也似乎比久坐者好。

好好利用呼吸的力量

只要我们一调整呼吸速率和深度，就能立即控制自己的压力反应，快速地从压力中恢复过来。交感神经系统活动和呼吸模式密切相关。只要我们调整其中一项，另一项就会跟着改变。

研究表明，如果轻微高血压患者能够降低呼吸速率15分钟，从每分钟16+/–3降低至每分钟5.5+/–1.8，他们的交感神经系统活动也会随之减少。另一研究表明，如果慢性心脏病患者（交感神经系统比较活跃）能够降低呼吸速率，从每分钟16.4±3.9降低至每分钟6.7±2.8，同时呼吸空气量较平常降低一半，那他们的交感神经系统活动就会减少三分之一。

如果你相当健康，请降低自己的呼吸速率并持续15分钟，请慢慢将呼吸次数控制在每分钟6到7次，因为这会帮助我们降低自己交感神经系统的活跃程度。

利用感觉

经历压力之后，我们需要用感觉来对抗纠结倾向，这样我们的大脑就能立即回归到放松状态。

1. 双耳节拍

在一项随机对照实验中，专家对一组正准备接受外科手术、正在进行全身麻醉的患者进行研究。研究发现，收听30分钟Delta波频双耳节拍能够显著降低患者手术前的焦虑水平。而收听Theta频率的双耳节拍可以促使患者从急性压力回归到放松状态，因为 Theta 频率的双耳节拍可以提高副交感神经系统以及降低交感神经系统的活跃程度。我们不妨尝试收听 Theta 或者 Delta 频率的双耳节拍半个小时，这样我们就可以知道它们是否有助于我们恢复到放松状态了。

2. 冥想音乐

在一项研究中，29 名志愿者收听了 15 分钟萨满鼓声或者冥想音乐之后，它们血液中的皮质醇水平呈现下降迹象。在收听过程中，志愿者紧闭双眼平躺身体，注意力非常集中。

3. 倾听大自然的声音

在一项小型研究中，研究人员对一组大学生实施了三种不同的实验。在第一种实验中，研究人员要求大学生在等候室等候 15 分钟的同时收听海浪录音 7 分钟。在第二种实验中，研究人员要求大学生在等候室等候 15 分钟的同时收听愉快的经典音乐。在第三种实验中，研究人员要求大学生在等候室纯粹等候 15 分钟。研究人员发现，第一种实验能够降低大学生的脉搏率以及自述压力。事实证明，每天花一点时间在附近的公园散步、亲近花草树木，不仅免费、方便，还是效力强劲且效力迅速的压力解药。网上有很多优美的大自然录音。当午休结束时，当我们必须回归工作时，当我们感到压力巨大时，我们不妨收听一下这些录音，它们会使我们的办公室生气勃勃，或者我们还能“身临”异国印度尼西亚式的热带雨林呢。

4. 观察大自然的景物

一项随机交叉研究发现，如果我们在遭遇压力前能够观察到大自然的景物，那么我们就能以更快的速度从急性压力中恢复过来。观察大自然，甚至观察一幅大自然图画都能提高副交感神经系统的活跃程度。

5. 嗅闻柠檬气味

在一项研究中，研究人员要求参加实验的志愿者在 30 分钟内重复这两个动作：用力嗅闻柠檬的气味 30 秒和休息 30 秒。研究表明，嗅闻柠檬的气味 15 分钟能够降低心率、降低血压以及让我们变得更加平静。

皮质醇的两面性

有时候，压力激素皮质醇的迅速飙升可以提高我们集中注意力的能力，关键是皮质醇产生的时间。在一项研究中，研究人员要求一组健康的志愿者静坐的同时集中注意力。在接受测试之前，研究人员要求志愿者服食一粒含有 10 毫克氢化可的松（皮质醇）的胶囊。部分志愿者在测试前的 4.5 小时就服食了胶囊，而部分志愿者则在测试前才服食胶囊。实验表明，4.5 小时前服食胶囊的志愿者在测试中的表现明显比其他志愿者的表现好。

提升应对压力的能力

合理运动

交叉应激假说提出，如果我们经常性重复面对轻微压力，久而久之，就算我们经历的压力来自不同的压力源，我们的压力反应也会减弱。

> 磨难使我们变得更加强大！
>
> ——弗里德里希·尼采（Friedrich Nietzsche）

运动是产生压力的因素之一。如果我们反复对运动做出轻微的压力反应，久而久之，我们对运动的压力反应就会变得越来越弱。只要我们经常运动，我们从运动中恢复过来的能力就会变得越来越强。但这种能力不是永恒的，一旦我们停止运动，应对运动压力的能力就会恢复原状。

交叉应激假设告诉我们，规律运动能够提高我们应对压力的能力，即使面对的环境完全不同，即使经历的事情与运动完全没有关系，我们的压力反应也会大大降低。研究发现，运动与压力适应性有一定的关系，运动可以帮助我们处理社会心理压力。例如，如果我们参加耗氧运动 30 分钟，而且在接下来的 90 分钟之后我们遭遇压力状态，那么 30 分钟的耗氧运动能够帮助我们降低压力反应。研究还发现，运动中的压力大小与其发挥的调节压力的能力大小成反比关系。保持身体的总体匀称可以帮助我们维持健康的大脑状态，因此，匀称的身体能够帮助我们应对压力。前面已经提及健康的身形能够抵御“沉思”带来的压力反应。

交叉应激理论只是一个假设，某些研究并不支持运动压力对应对压力反应有明显益处。但可以肯定的是，改善身体健康状况、保持身形苗条对我们的身心健康大有裨益，而身心状况能够影响我们应对压力的方式。一项以一群大学生为实验对象的研究表明，规律运动可以降低感官压力，也可以降低疲惫感。因此，改善身体的整体健康状况可以使我们在面对压力时拥有更强的恢复能力。

改善身体的整体健康状况可以使我们在面对压力时拥有更强的恢复能力。

如果运动非常剧烈，那最好每隔一段时间充分休息后再继续运动。越剧烈的运动，我们就需要越长时间恢复过来。但是，我们最好在皮质醇恢复到正常水平之前就继续运动，因为这样静止皮质醇的水平就会更高。

如果身形不够完美，努力使自己变得更加健康吧！如果身形已经达到完美状态，努力保持体形吧！

保持健康的心态

做任何可以改变自己心态的事情吧，这样我们就可以抑制荷尔蒙压力反应，这样我们就能更好地应对即将来临的压力源。想象自己正参与《飞黄腾达》这档节目。节目要求你充当某个任务的领班，但是这个任务所涉及的领域你根本一窍不通。任务要求你发挥自己的销售能力，而你的销售能力简直太差！但是既然参加任务（像其他人一样），就希望赢得比赛，你必须使尽浑身解数打败对方。因此，你需要转变心态！

此时，我们不能够觉得自己高高在上，不能够觉得别人都应该听从自己，相反，我们应该抱着谦逊的心态，发挥协助队友的作用。试验中的特里尔社会应激测试（TSST）可以产生“社会”压力。在一项试验中，研究人员要求 18 至 45 岁的健康人士在测试前相处几分钟。研究人员要求他们思考自己于他人的价值以及他们如何将这些价值应用到工作中。测试发现，他们的荷尔蒙压力反应轻微降低。与没有进行思考工作的人士相比，志愿者的下丘脑—垂体—肾上腺轴反应有下降迹象，他们产生的皮质醇也少很多。

这种策略是可行的。如果我们需要证明自己，我们就必须处于防御姿态，我们必须抵御其他人。抵御需求促使我们产生警觉以及压力。而把别人当作自己的队友反过来让我们确信自己正是组内的一员，我们能够被小组保护。我们与其他组员处在同一阵线上，我们不再需要戒备，因此我们不再感到压力重重。

如何在工作中实践这一效果显著的策略呢？答案就是从小组的角度甚至是公司的角度考虑问题，将自己的工作置于小组利益甚至是公司利益之中。我们必须培训自己的大脑，让大脑自觉把其他人当作队友而不是竞争者。积极帮助别人、主动留意别人的工作，把这些行为当作日常必须，久而久之，我们的大脑自然而然就会习惯这种状态。就算我们处于竞争异常激烈的环境，这种策略也能带给我们一定的优势，因为长久以来，它可以帮助我们保持冷静并集中注意力。

- 培养自己这样的思维：把其他人当作自己的队友而不是敌人。
- 时刻提醒自己：我与别人有着共同的目标，我必须集中所有力量并与他人通力合作。
- 把帮助别人当成一种习惯，不为别的，因为乐于助人本来就是一件幸运的事情。

补充营养

一个人是否营养充足涉及诸多方面，其中一些方面会影响我们的压力反应。

1. 多喝自然益生菌酸奶

一个双盲、安慰剂对照、随机实验发现，连续六个星期每天喝 100 克益生菌自然酸奶能有效减少焦虑感和压力。

2. 喝水

身体内含有充足水分能够减少下丘脑—垂体—肾上腺轴对于压力的反应。体内水分不足会影响我们的心情。

3. 不要食用含精制糖或添加糖的食物

一项随机实验发现：与低血糖指数食物相比，早餐时间食用含有高血糖指数的食物能够提高皮质醇水平。

4. 食用足够多的盐

在一项研究中，研究人员要求一群 18 至 38 岁的健康男性和女性不服食任何含钠的食物，五天后，他们的交感神经系统活动增加而副交感神经系统活动减少。这时他们的交感神经系统已经处于最活跃的程度，即使遇到压力，交感神经系统也不可能比这更加活跃了。之后，研究人员要求志愿者服食含有正常钠含量的食物。这时，他们的交感神经系统恢复到正常的状态，遇到压力也会做出正常的反应。因此，如果不是依据医生的专业意见，则请确保自己服用适量的盐。

后叶催产素

后叶催产素也可以被称为“爱情荷尔蒙”，因为社会联结能使后叶催产素水平升高。人类需要有归属感，归属感给我们带来安全感。

如果在老鼠面前展示毛皮球，他们会变得异常惊恐，他们一般会有以下两种反应之一：那些含有较高后叶催产素水平的老鼠会寻求同类的安慰，他们抱团以对抗危险；那些后叶催产素水平较低的老鼠一般会独立应对危险状况。研究表明，如果我们在遭遇压力时没有亲密朋友在身旁，那么我们的皮质醇水平会比有亲密朋友在旁的健康人士飙升得更厉害。此外，后叶催产素也会抑制皮质醇的生成。后叶催产素和好朋友比只有一样因素，即后叶催产素或者好朋友的效果更好。因为人际支持和后叶催产素都能帮助我们抑制压力反应。

诸多因素能够提高后叶催产素的水平，例如感觉被爱、有一位有爱的伴侣、男士和女士的性高潮、简单但安全且恰当的人体接触、瑞典按摩治疗（效果能持续数天）。

以前，我们不开心的时候总是串门去找和蔼可亲的阿姨。她们会热情地迎接我们，她们会拥抱我们，她们还会给我们倒茶以示欢迎，这些都会大大提高我们的后叶催产素。不管是伤心还是受伤，奶奶的拥抱曾经是我们最好的止痛药，胜过一切药物。现代社会人与人之间的关系变得越来越疏远，阿姨们和奶奶都不会住在我们周围了，甚至我们与他们分隔两个大陆。现在回到家，我们甚至找不到能够拥抱的人。世界发生了翻天覆地的变化，连拥抱都变成了一种职业。专业的拥抱者一个小时能赚 60 美元，甚至还有谣言称，在不久的将来，美国将会有全国拥抱证书课程。

上面已经提到，我们可以通过多种途径提高自己的后叶催产素水平。最好的选择当然是自己的奶奶，但是如果你愿意也有能力花 60 美元的话，雇请专业拥抱师也是一个不错的选择。你可以：

• 重视爱情关系。

• 利用一切可能的机会拥抱亲近的人。

• 接受瑞典式按摩。

• 加入优秀的社交圈子或者组织，例如宗教团体、运动俱乐部、社交俱乐部，这些都是很好的选择。请知悉网络的虚拟团体并不像实体组织那样有效果，因为在实体组织里，我们可以亲眼看见、亲自接触真实的个人。

微笑吧！

微笑吧……我们的眼睛应该微笑，嘴巴也应该微笑。

在一项实验中，研究人员把70位健康的参与者分成三组。第一组把筷子放于上下牙齿之间，第二组把筷子放于上下牙齿之间的同时主动紧咬筷子，这样的动作会调动颧大肌，跟微笑时的效果一样。第三组做与第二组一样的动作之余收缩眼睛周围的肌肉（眼轮匝肌），这与我们真正微笑的效果一致。研究表明，第二组志愿者比第一组志愿者更快从压力反应中恢复过来，而第三组志愿者又比第二组志愿者快。第二组志愿者和第三组志愿者都能有效地降低自己的压力反应。因此，微笑能够压抑压力反应。

虽然某些研究脸部肌肉收缩与心情关系的实验没有得出以上结论，但微笑那么简单有益，我们为什么要纠结呢？

> 相信一切在自己的控制之下！

如果我们觉得自己能够控制某个情景，那么该情景给我们的压力就较少，我们体内就会产生较少的皮质醇。

如果你觉得自己即将要面对一个压力状况，那么不妨评估自己控制的方面并想办法控制它们。例如在参加会议之前，我们可以知道地点、座位安排、温度、灯光以及退场方案，这样我们就可以控制自己的曝光时间了。只要我们为所有想到的可能结果准备可能性计划，我们就可以相信自己能控制讨论过程。例如，我们可以灵活插入正面证据以打断每一消极的走向。

保持放松状态

通过调整自己的生活方式，我们可以让交感神经系统和副交感神经系统保持在一个健康的平衡状态，也可以让每天的皮质醇水平处于正常状态。

1. 早晨运动

早晨运动，而不是晚上运动能够提高一个人在睡眠状态下的副交感神经系统活动，因此早晨运动能够改善我们的睡眠质量。

2. 桑拿浴

和温疗法是日本式桑拿浴疗法。当接受和温疗法时，人们需要坐在140华氏度[1]、干燥、红外线桑拿仪器下。和温疗法的过程持续15分钟。结束后，人们离开桑拿房，用浴巾裹住身体并开始休息30分钟。研究发现，如果我们连续四个星期、每个星期五天、每天接受一次和温疗法，那么我们的交感神经系统活跃程度就会降低，而副交感神经系统的活跃程度会升高。在另一

[1] 140华氏度约等于60摄氏度。

项研究中，研究对象是十个慢性疲乏综合征患者。研究发现，四个星期的和温疗法能够改善焦虑感、抑郁以及疲乏感。在一项随机实验中，研究人员发现，连续两个月、每个星期三次、每次接受20分钟桑拿浴可以显著减缓紧张性头痛。

远离负能量人群

当望向别人的眼睛时，我们的瞳孔就会同步。瞳孔大小可以反映一个人的压力大小。因此，如果我们与平静的人交流，我们就会变得更加平静。幸福是可以传递的，如果我们选择与幸福且积极的人相处，我们就会收获幸福。心情也有传染性。因此，请务必远离消极人士！

> 心情也有传染性。

在一项研究中，研究人员连续跟进一个社交网络二十年。这个社交网络一共有四千多人。研究人员发现，幸福不但可以直接传递，还能间接传递，即我们可以感受到我们朋友的朋友的幸福。与幸福的人交往，我们的将来就会变得更加幸福。人与人之间的影响不仅限于附近的环境。例如：一个朋友居住在离你一英里的地方，如果她变得幸福，你变得幸福的概率也会升高24%。

社交媒体的世界充分说明了人与人之间的影响力。浏览社交媒体的“朋友圈”时，我们难免会看到消极的信息。当遇到消极消息的时候，我们的脑袋也可能会跟着进入一种消极的状态。因此，我们需要好好管理社交媒体的“朋友圈”，防止负能量侵蚀自己。

以下 3 种方法可以让我们维持在放松的状态：

- 晨跑。
- 定期去桑拿浴。
- 远离负能量的人们和情景，不要听消极的故事，不要被别人的抱怨影响。

眼动脱敏疗法——眼睛转动与消极记忆

当眼睛随着移动的物体转动时，大脑会发生有趣的变化。原来气焰嚣张的消极思想瞬间变得“黯然失色”。居伊·德·莫泊桑（Guy de Maupassant）在其 1883 年出版的第一本小说《一生》（*Une vie*）中提到：一位年轻的妇人走进自己的睡房，心情极度痛苦。这时，她看到一只蜜蜂快速地来回飞行。她注视着蜜蜂的移动，不断来回移动着眼珠。突然间，她走出了一直困扰自己的消极情感状态。法国神经心理学家奥利维尔·库巴德（Olivier A. Coubard）认为，莫泊桑肯定是有过这样的体验才能描绘这样的情景和表达这样的道理，因为当时人们还不知道这一特殊现象。

20世纪80年代，当心理学家弗朗辛·夏皮罗博士在沙滩散步时，她发现，每当脑袋中出现消极思想时，她的眼珠都会不自觉地来回移动，紧接着，她的消极情绪就会消失。这使弗朗辛·夏皮罗博士感到疑惑，她猜测下意识转动眼珠是否能够影响消极思想。她不断尝试，却发现屡试不爽。她发现转动眼珠真的可以赶走消极思想，就算消极思想再次出现，它的“威力”也没有原来的可怕。有了这些初步认识之后，弗朗辛·夏皮罗博士决定深入研究这一现象。通过研究，弗朗辛·夏皮罗博士发现了革命性的眼动脱敏疗法（EMDR）。一开始，人们并没有很重视这一疗法，只是把它当成安慰剂疗法或者暴露疗法的一种。随着研究的深入，学界发现了越来越多的证据，他们开始觉得眼动脱敏疗法与安慰剂疗法或者暴露疗法有着本质的区别。眼动脱敏疗法主要依靠人体的一种特殊能力，那就是人体能够通过移动眼睛达到消除消极思想及情绪的能力。

采用眼动脱敏疗法的治疗师将手指或者手掌左右来回移动，速度大概是1.12赫兹，持续时间大概是24秒。回顾不愉快经历的同时，患者的眼珠随着治疗师的手指或者手掌来回移动。治疗中，患者不得移动他们的脑袋。接受治疗时，患者的情绪压力变得越来越小，难过记忆变得越来越模糊。当消极因素逐渐减少时，我们就能较容易地用新的、积极的事实填充原来的记忆。

土耳其—叙利亚边界有一个名叫基利斯的难民营。在一项随机控制实验中，研究人员利用这个难民营的成年叙利亚难民作为研究对象。研究发现，眼动脱敏疗法能够显著降低成年难民的创伤后应激障碍症状以及抑郁症状。在另一项随机控制实验中，研究人员发现眼动脱敏疗法能有效降低青少年患者的术后痛苦。还有一项研究是以美国受伤军队人员作为研究对象的。研究人员发现，眼动脱敏疗法可以有效减少服役人员的受伤压力。接受眼动脱敏疗法后，他们需要接受的其他心理疗法也减少了。

到目前为止，学界还没有关于眼动脱敏疗法工作机制的权威性和绝对解释。部分专家认为眼动脱敏疗法可能与工作记忆力相关，因为工作记忆力的容量是有限的，而注视需要耗费我们的大量工作记忆力。如果我们将大部分精力集中在痛苦的记忆上，我们就不能完整地重现该经历。

经历压力的时候，我们的记忆能力着重记录我们的情绪和感觉，而不是实际发生的事情。大脑会特别“照顾”受伤的经历，以生动的色彩记录它们，因此受伤的经历总是那么明显又难以消除。某些事物，如图像、情景或者声音都有可能触动这种记忆，于是事件的整个记忆重现在脑海中，它们会有特别“出众的外表”、夸张的颜色以及震耳欲聋的声音。就算不那么相关的东西都能影响整个大脑网络，它能篡改脑海中原有的一切思想、图画以及情绪，并换上与自己相关的消极活动。如果大脑资源有限，那么在回顾不愉快经历时，我们被迫“放弃”诸多消极因子。在这种情况下，不愉快记忆变得“黯然失色”，它褪去了“华丽”的外表，摆脱了情绪的困扰。久而久之，原来的记忆逐渐被淡化，他们变得模糊，甚至穿上了柔和的外衣。

Youtube 上提供了很多引导眼珠左右转动的视频，它们的频率也都在 1 至 1.2 赫兹之间，像极了眼动脱敏疗法中治疗师使用的手法，但是心理专家强烈建议我们到正规专业的治疗师处接受脱敏疗法，因为在修复消极记忆和情绪的过程中，我们可能会产生巨大的痛苦。（注意：未经专业医生允许，眼动脱敏疗法不能够代替正式治疗，眼动脱敏疗法不得用于创伤后应激障碍症或其他状况的正式诊治。）

当理性大脑尝试适应慢性压力的时候，为了工作效率，理性大脑中的突触可塑性和生长模式会发生变化。

第四章

通过促进理性大脑成长来控制压力

理性大脑和压力是什么关系

阅读时，我们的工作记忆会不断把现在阅读的内容与前一刻阅读的内容作比较。就像航海日志一样，我们的大脑会记录每个阅读到的细节。此外，大脑会将不同的句子联系起来，因此大脑能够把阅读到的内容构成一个连续无间断的故事。

我们的理性大脑会分析来自工作记忆的信息，然后长期记忆会将这些处理后的工作记忆储存起来作为假设、猜想以及更新现有策略的信息源，这样我们就能够更好地适应自己的世界。当理性大脑处理工作记忆时，连贯的电流震荡就会穿过大脑细胞以及星形胶质细胞网络。聚集起来的大脑细胞会以一定的旋律舞动起来，但是一个大脑细胞可能跟随多种不同的旋律舞动。在这一活跃的大脑活动中，细胞突触可塑性异常活跃，网络中的突触不断地强化或者弱化。大脑细胞会产生化学物质，这些物质会促进大脑细胞的生长。其中一种化学物质被称为脑源性神经营养因子，简称 BDNF。这些“生长促进因子”能够培育树突状分支，能够刺激新突触的产生，能够帮助脑细胞的存活。因为新的突触不断形成，老的突触不断消失，因此突触处于不断变化的状态。而我们的前额皮质以及海马体总是处于成长的状态。

当没有压力的时候，理性大脑会周详设计行为，这样行为就能以目标为导向，我们就能一步一步地靠近目标。但面对急性压力时，我们就会放弃以目标为导向的行为，我们开始依赖直觉，于是我们对所见所闻的反应就会变得失去理性。此时，理性大脑的部分活动就会变得没有意义，我们也开始摒弃理性大脑的部分功能。

慢性压力的存在致使我们的大脑不得不做出相应的调整。为了工作效率，突触可塑性不得不从原来的正常模式转向另外的生长模式。长期的工作压力可导致前额皮质（包括背外侧前额叶皮质）的萎缩。研究人员对长期患有慢性压力的动物进行了研究。研究发现，慢性压力不仅使海马体和前额皮质的突触变得衰弱，还使其组织发生了变化。在经历慢性压力时，海马体的背侧一半，即主管学习和记忆功能的部分，也就是本书所指的“理性大脑”的一部分，也不断萎缩。

与理性大脑的经历不同的是，某些慢性压力可能会促进部分情感大脑部位的生长。底外侧杏仁核是杏仁核的一部分，它能影响人的焦虑状况。慢性压力能提升底外侧杏仁核部分的脑源性神经营养因子水平，其大脑细胞的树突也会因此长得更长，分支也会变得更多。这一成长与焦虑感有关。有趣的是，慢性压力虽然会使海马体的背侧一半逐渐萎缩，但它却令海马体构成情感大脑的腹侧一半不断扩大。

得益于以上的发现，研究人员形成了以下的结论：理性大脑的成长受到阻碍可能是造成病态抑郁的原因。为了达到治疗抑郁的目的，专家不断尝试新的方法以促进理性大脑的成长。此外，理性大脑的退化也跟人体老化有关。因此，一些活跃的研究人员开始尝试通过促进理性大脑的成长来延缓衰老的过程。

我们不妨尝试以下的方法，以促进理性大脑的成长：

1. 运动
2. 调整温度法
3. 塑造环境法
4. 控制卡路里摄入量
5. 利用姜黄

促进理性大脑成长的方法

运　动

非剧烈运动可以促进老鼠大脑内海马体部位产生全新的大脑细胞和星形胶质细胞。此外，开始运动后的数分钟至数小时内，脑源性神经营养因子水平也会得到提高。但研究表明，并非所有运动都可以带来相同的效果。

运动类型

在一项研究中，研究人员把老鼠分成三组，每组老鼠分别实施一项不同的运动，实验时间持续 7 个星期。（有一组老鼠作为对照组，它们不做任何运动。）

A. 研究人员在第一组老鼠的范围内放置了一个跑步轮，只要它们愿意，它们随时可以进行慢跑。

B. 研究人员要求第二组老鼠进行重力训练。（这一组老鼠的尾巴必须拖着轻小重物爬墙。）

C. 研究人员要求第三组老鼠进行 15 分钟的高强度间隔训练（HIIT）。然后，研究人员强迫它们在跑步机上快速跑步 3 分钟。休息两分钟之后，再重复以上动作三次。

在与对照组对比时，重力训练（B）对神经形成没有任何影响，高强度训练（C）则对神经形成有一点点影响，而自愿、快乐且轻微的慢跑（A）对神经形成的影响最突出。老鼠海马体部分生成的新大脑细胞数量与其在实验的七个星期内慢跑的总距离有关。这一发现有力地证明了之前研究的结果，即与剧烈运动相比，轻松运动对理性大脑的成长更有利。研究结论同样适用于人体状况。一项研究表明，如果老年人坚持每个星期做三次适度强度的运动，坚持一年后，他们就可以在一至两年内逆转老年化海马体萎缩。

运动不仅有利于大脑的成长，还能提高记忆力、学习能力以及总体的认知能力。睡眠不足会减少脑源性神经营养因子的水平。一项对动物的研究发现，连续四个星期的跑步规律运动就可以有效防止记忆力衰退，并改善因睡眠不足导致的脑源性神经营养因子水平下降。

凡事过犹不及：过度运动的坏处

运动过度就像慢性压力一样，是不利于身体的。虽然剧烈或者过度运动也可以改善心肺功能，但是它们可能会使海马体发生萎缩。在一项研究中，研究人员要求十七位健康男性参加一项为期六周的高强度体型训练。研究对象必须每个星期做三次这样的运动，每次运动必须持续 60 分钟。研究人员时刻监控研究对象的运动强度，在了解研究对象身体承受能力的基础上给他们设定合理的强度，以确保每个人运动的强度一致。六个星期之后，这些年轻的志愿者的身体状况得到显著改善，他们的最大 VO2 提升了 5%。虽然最大 VO2 有所上升，但是他们的海马体大小却平均萎缩了 2%。学界尚未找出海马体萎缩的原因，但不管什么原因所致，萎缩的发生与脑源性神经营养因子水平的下降有关。训练结束后，炎症因子 TNF-α 显著上升。剧烈运动可能导致炎症（这一点在第六章会详细提及），而高水平的炎症因子会损害突触，阻碍学习能力和记忆能力，这些可能就是海马体萎缩的原因吧，至少是部分原因吧。

多少运动量为之过度？运动科学家利用乳酸盐临界值衡量运动的强度。研究人员利用一只老鼠进行试验，他们要求老鼠进行约六个星期的运动。研究发现，低于乳酸盐临界值的运动能够刺激老鼠的神经形成，而高于乳酸盐临界值的运动则不能。人体内的乳酸盐临界值与老鼠不同，但我们可以尝试估计人体的运动强度临界值，因为运动强度临界值可以起到与乳酸盐临界值同等的效果。

但最好的方法还是让健康专业人士测量自己的乳酸盐临界值。如果条件不足，我们可以根据经验法则行事。一般来说，当运动导致心率达到最大心跳速率的85%至90%时，我们就处于乳酸盐临界值。通常我们可以通过用220减去年龄来大概估算自己的心跳速率。如果你四十岁，你的乳酸盐临界值可以通过每分钟160的心跳速率来估算。如果我们用老鼠的实验结果来推断，那么我们只需要确保低于160的心率就能避免过度炎症。在进行高强度运动训练时，我们的心率可能会超过这个临界值，这就是为什么实验中老鼠进行的高强度训练不能像期待的那样促进神经形成。

调整温度法

动物研究表明，在高温或者低温环境下运动可以促进理性大脑的成长。实验表明，老鼠在高温（99.5华氏度[1]）或者低温

[1] 99.5华氏度约等于37.5摄氏度。

（40.1 华氏度[1]）的环境下连续运动五天比在室温下连续运动五天所生成的新大脑细胞要多。研究还发现，长期处于轻微高温的环境可以促进老鼠的神经形成。此外，如果老鼠在经历严重的大脑创伤前连续四个星期处于 93.2 华氏度[2]的环境下，他们会比其他老鼠恢复得更快。

塑造环境法

理性大脑的高速成长及高度活跃必须依赖智力大脑的参与，但是没有外在因素的刺激，智力大脑是不会主动成就理性大脑的。与其他所有智慧生物一样，人类的智力大脑相当懒惰。如果没有明确动机，智力大脑是不会浪费其丝毫能量的。因此，我们需要给自己创造一个完美的理由，就像用一根短棍吊起萝卜引诱兔子一样，这样我们的理性大脑才会变得活跃。

“萝卜”可以发挥两方面的作用：激发我们挑战的决心以及引起我们的好奇心。在分析信息、形成策略的过程中，我们可以旧法新用，于是我们顺利克服挑战。当我们处于新环境时，必须学习如何适应，观察原因与结果的关系，识别新的环境规则。为此，我们必须依据新的人际网络和关系做出适当的行为，而这些

[1] 40.1 华氏度约等于 4.5 摄氏度。

[2] 93.2 华氏度约等于 34 摄氏度。

行为会引起前额皮质以及海马体的高强度突触活动。能够提供挑战与新奇物体的环境被称为环境丰容（EE），它可以改善理性大脑的活跃程度。

越来越多的动物研究表明，环境丰容可以缓和慢性压力的影响。目前为止，尚未有足够的数据证明环境丰容对人类慢性压力的影响，但较早的研究表明环境丰容对人体大有裨益。

在一项试验中，研究人员连续三个星期每天六小时将老鼠置于慢性压力的状态中。试验后，老鼠海马体的突触可塑性受到损害，焦虑感有所增加，工作记忆力也受到影响。之后，研究人员连续十天每天六小时将这群老鼠放置在丰容环境中。丰容的经历完全扭转了它们的焦虑状况，改善了它们的工作记忆力，并且提高了突触可塑性。另一项研究表明，丰容环境能够提高脑源性神经营养因子水平，这可能是突触可塑性提高的原因之一。老鼠实验揭示，环境丰容在提高理性大脑突触可塑性的同时对感性大脑起着相反的作用。慢性压力能促进底外侧杏仁核树枝状的生长，其生长程度与焦虑程度相关。相关证据表明，环境丰容能够逆转底外侧杏仁核树枝状的生长，能够使焦虑水平恢复到正常水平。此外，将抑郁老鼠置于丰容环境之下能够促进抗抑郁药物的疗效。

视频游戏也能够带来环境丰容的效果。在一项研究中，一组视频游戏玩家连续十天每天玩 30 分钟 3D 游戏（《超级马里奥 3D 世界》）或者 2D 游戏（《愤怒的小鸟》）。十天后，相对于玩《愤怒的小鸟》的玩家以及对照组的志愿者，玩《超级马里奥 3D 世界》的志愿者的记忆能力和认知技能都有所提高。玩《超级马里奥 3D 世界》的玩家不仅提高了自己的空间技能，还提高了自己的空间记忆能力。研究人体大脑中的突触可塑性相当困难，但是研究表明，某些大脑部位，例如前额皮质和海马体主管的认知能力的改善以及记忆能力的提高就是该部位突触可塑性提高的结果。

相似的，音乐训练也可以起到环境丰容的作用。接受音乐训练时，我们在遵守复杂规则的同时整合听觉信息与视觉信息。在一项对象为六十岁至八十四岁人的研究中，研究人员发现四个月的音乐训练可以改善心情、提高认知技能、改善注意力以及提高管理功能。

如果觉得自己的工作呆板无聊，那不妨尝试给自己的日常注入刺激且富有挑战性的活动吧。在最近的一项个案对照研究中，研究人员对一组中年生产工人进行了研究。研究对象在过去的七年中一直做着相同的工作。研究揭示，那些在工作中经常接触新鲜事物的生产工人，他们的认知技能比志愿者略胜一筹。米哈里·契克森米哈赖关于“心流”的研究表明，只有在接受挑战的时候，我们才能进入“心流”状态，而那些能够将“心流”状态注入自己日常生活的人就能少受压力的折磨。如果工作千篇一律，那不妨考虑换种做事的方法，或者给自己找点挑战性的任务。

在接受眼科手术培训的时候，在确保自己能够安全执行白内障摘除手术的所有流程之后，我们导师鼓励我用另一只手练习显微外科手术。在其整个职业生涯中，我的导师总是喜欢给自己制造一个又一个挑战，于是，即使总是面对同样的情形，他也能够变得创意十足。这一优秀的特质成就了他，使他最终成为白内障摘除手术的先锋。经过反复的自我训练，他甚至可以在手术中灵活地移动眼球，这使他能够免去局部麻醉这一步骤。他在医学界硕果累累，他永远是大家心目中的医学专家。

千万不要让自己感到无聊。尽量想办法刺激自己的大脑吧。

> 抓住每个机会，迎接新鲜有趣的经验吧。

控制卡路里摄入量

多项研究表明，如果动物摄入的卡路里比身体必需的卡路里少，其海马体内的神经形成就会增多。控制卡路里的摄入说不定也对人体大有裨益。研究人员要求一组健康的老年志愿者（平均年龄为 60.5 岁）比平时减少 30% 的卡路里摄入量，持续时间为三个月。研究结果表明，这组志愿者的记性有所改善。

不要刻意限制自己的卡路里摄入量，只需要合理地把摄入量控制在身体所需量之内，把这当成重要的生活习惯吧。

请知悉：控制卡路里并不是神经性厌食症，厌食症患者会遭遇营养不足，控制卡路里则是健康的行为。请在医生的指导下控制卡路里摄入量，这是非常重要的，否则我们的健康就会受到威胁。

利用姜黄

姜黄色素是香料姜黄的一种成分，研究表明，姜黄色素能够增加老鼠体内的神经形成，增加的神经形成受姜黄色素剂量的影响。将一组老鼠置于慢性压力的状态下，它们大脑中某些部位的脑源性神经营养因子水平就会下降，它们会变得抑郁，精神也会受到折磨。但是在一项试验中，研究人员给老鼠服食姜黄之后，上述症状有所缓解。目前为止，至少有两项双盲、对照 、随机实验证实了姜黄对于人体有抗抑郁的作用。服食纯天然的姜黄吧，尝试之后你就会发现它比提取的、加工后的副食的疗效更加显著。

三个不要

上述介绍了一些能够逆转理性大脑活动的因素。因此，请避免以下行为：

1. 慢性炎症

体内其他部位的炎症能够影响老鼠大脑内的神经形成。在第六章将会详细讲述炎症。

2. 抽烟

为了科学研究，研究人员强迫老鼠吸入烟气。研究发现，烟气阻止海马体的神经形成。

3. 高血压

研究发现，高血压阻碍老鼠海马体树突树枝的生长。

塑造合适的环境，让我们的理性大脑可以获得更好的成长。

总而言之，我们可以注意以下几点：

• 将规律运动当成一种习惯，选择有氧、类似于跑步的锻炼，并加插抗阻训练。

• 如果预测自己在未来的数周内要经历压力或者睡眠不足，那么请确保提前锻炼。

• 不要运动过度。

• 回家后利用自己学习工作之余的技能和天赋。

• 不断寻找新鲜经验，将自己维持在活跃的状态。

• 不断挑战自我。

• 尽量多地接触丰富多样的东西，让它们给我们带来不同的感觉。

• 创造丰容的环境，不断给自己制造新的挑战。

• 将卡路里摄入量限制在自己身体所需量之内，并把它当成生活的习惯。

• 考虑在饭菜之中加入姜黄素（请见第七章）。

• 不要抽烟！

第五章

通过调节生物钟来控制压力

生物钟和压力是什么关系

我时常好奇睡眠会不会改变我。让我想想吧。我早上起床的时候与昨晚睡觉之前一样吗？不用想都知道啊，是有那么一点不同的。

——刘易斯·卡罗尔《爱丽丝梦游仙境》

爱丽丝是正确的。晚上的时间的确改变了她。早上起床时，我们的大脑与前一日睡觉之前是有那么一点不同的。清醒的时候，我们的大脑可以精确地设计我们每一分每一秒的行为。大脑形成的新网络以及突触的进化使大脑变得狂热，于是大脑会引导我们做出一系列行为。清醒的时间越长，强烈行为的持续时间就越长，大脑的成长时间也越长。最终，大脑变得不堪重负，大脑开始需要休息。睡眠是大脑必需的缓冲时间——就像车子跑长途后需要进汽车修理厂检测、清洁以及更换坏掉的零部件。

睡觉是大脑筛查记忆的时候，在这个过程中，大脑筛查并整理网络和突触，大脑将多余的“垃圾”都清理掉。因此，大脑中的某些记忆变得更加深刻，而某些记忆则变得微弱模糊。当我们起床的时候，大脑就会变得和睡觉之前不一样。

此外，睡觉还可以起到“清洁”的作用。大脑被一个类似灌溉系统的东西包围着，这一系统被称为淋巴系统。淋巴系统负责重新分配有用的产品，清除掉没有用的“垃圾”。动物研究表明，相比于清醒状态，淋巴系统在睡眠状态下更加活跃。顾名思义，星形胶质细胞的形状就像一个大星星，星形胶质细胞可以滋养大脑细胞及其突触。星形胶质细胞参与淋巴系统的活动。当我们的大脑长时间处于清醒和活跃的状态下时，星形胶质细胞貌似会重新分配自己在突触上的位置。这会引起大脑的轻微膨胀，但是经过一晚的高质量休息之后，大脑又会恢复到正常状态。

睡眠的时候，我们的大脑会经历好多个状态。其中一种状态是眼睛快速地左右移动，这一状态被称为快速眼动（REM）睡眠。另外一个状态是处于深度睡眠的状态，这一状态被称为慢波睡眠（SWS）。当睡眠的时候，我们不断在这两种状态之间循环，当然它们之间还夹杂着其他多种状态。我们清醒的时间越长，我们的脑袋就会越渴望慢波睡眠。如果我们连续二十四小时没有睡觉，那我们睡觉时的慢波睡眠状态就会变得更长。一般来说，抑郁状态的人们的慢波睡眠时间要比正常人的短。这就是为什么他们在前一晚睡眠不足的情况下，增加第二天慢波睡眠时间，会暂时性加重抑郁症状的原因。

睡眠有助于缓解严重压力

睡眠能够降低压力经历对我们的影响。不管是经历严重创伤还是一般压力，如果我们从始至终都拥有高质量的睡眠，那么我们就能少受精神疾病的困扰。如果我们在经历创伤或者一般压力后睡眠质量低下，那我们就比其他人容易出现创伤后应激障碍、抑郁症、自杀倾向或者滥用药物等问题。当面对某些线索时，我们可以选择恐惧，我们可以选择将蛛丝马迹与可怕的事情联系起来（例如：我们可能会将救护车的声音与刚才目睹的可怕事故联系起来，于是恐惧感油然而生），但是我们也可以选择不联想、不恐惧。科学家认为，人们之所以能够从创伤的经历恢复过来（包括那些克服创伤后应激障碍的人），部分是因为他们学会了不联想，就算遇到刺激因素，他们也不会把它们与创伤经历的记忆本身联系起来。而睡眠，特别是快速眼球运动睡眠对于“不联系”过程是非常重要的。

生物钟与睡眠息息相关

汽车开的里程越多或者遭遇的挑战越多，它就越需要日常保养。而睡眠就像是大脑的 4S 店一样，当我们清醒的时间越长，经历的精神活动越多，我们需要睡眠的时间就越多，对睡眠质量的要求也越高。从早上起床的那一刻开始，我们就在不断累积睡眠债。随着白天时间的推移，我们的睡眠债越积越严重，直至晚上受不了而上床睡觉为止。但是需要注意的是：我们的身体是受二十四小时生物钟管控的，不管我们的睡眠债有多严重，如果没有到生物钟的正确睡眠时间，那么我们还是不能入睡。生物钟就像入口的保安员，不论我们要到“哪个地方”——不管我们是要保持清醒还是想进入梦乡，它主管我们的时间安排。即使时间已经到了深夜，即使我们发现自己的睡眠债已经相当严重，但是我们的生物钟只允许我们在预定的时间点进入梦乡。大约凌晨四点钟的时候，我们的睡眠债可能已经全部归还，但是生物钟仍然不允许我们清醒过来，于是睡眠状态会多持续数个小时。

如果我们的生物钟失调，那么即使我们的睡眠债相当严重，我们依然不能进入梦乡。相反，就算我们的生物钟异常精准，如果我们没有睡眠债（因为我们下午休息了），我们也不能进入睡眠状态。因此，晚上想要拥有良好的睡眠，我们必须照顾好自己的生物钟。

生物钟

我们体内不只有一个生物钟，我们有千千万万个生物钟。心脏细胞有它们的生物钟，肝细胞和肠细胞也一样。我们大脑的各个部位也分布着不同的生物钟。体内的每一个生物钟都有其规律。大脑视交叉上核“坐着”一个中央生物钟。就像管弦乐队的指挥家一样，这一中央生物钟指挥着其他生物钟，即局部生物钟，这一中央生物钟让体内的所有生物钟都同步协调，使它们都处于同一时间。

慢性压力会扰乱我们体内的二十四小时生物钟，会破坏生物钟的生理节律。反过来，如果我们的生理节律受到破坏，我们患上慢性压力的概率就会更加高。

通过释放神经元信号和荷尔蒙信号，我们的中央生物钟就能指挥局部生物钟，使所有生物钟处于同步的时间。科学家认为，皮质醇是这些信号的其中一种。如果慢性压力使得皮质醇水平异常，我们体内的生物钟就会不协调。健康的身体拥有正常的生理节律，在这种情况下，皮质醇就可以依照自然协调的“韵律”产生。早晨的时候，我们的皮质醇水平稍微上升，而到了晚上，我们的皮质醇会适度下降。一旦生理节律陷入混乱的状态，皮质醇水平的正常波动（以及下丘脑—垂体—肾上腺轴功能）就会受到干扰，我们应对压力的能力就会受到影响。

有一个理论认为充满压力的生活方式会破坏体内的生物钟，会导致抑郁以及其他心理障碍。任何改变我们皮质醇“韵律”或者致使皮质醇水平非正常上升的活动（例如剧烈运动）、经历（例如激动或者愤怒）以及食物（例如咖啡）都会扰乱我们的生理节律。

褪黑激素

有时候褪黑激素被称为“黑色”荷尔蒙。褪黑激素由一种被称为松果腺的腺体释放。在缺乏亮光或者蓝光的环境下，我们的中央生物钟，即视交叉上核会“告诉”松果腺向血液释放更多的褪黑激素。在某种程度上，我们的中央生物钟可以通过褪黑激素与其他身体部位“交谈”，因为褪黑激素能通过血液游至全身，它可以“告知”所有局部生物钟协调到一起。现有的研究认为褪黑激素拥有消炎以及抗氧化效果。

在晚上，褪黑激素可以弱化我们的压力反应。研究人员正在研究是否可以用褪黑激素治疗夜间高血压患者，因为夜间高血压可能是由于交感神经系统过于活跃。褪黑激素可以减少交感神经系统对精神压力的反应。

> 在晚上，褪黑激素可以弱化我们的压力反应。

早前关于动物的研究表明，褪黑激素有机会帮助大脑对抗慢性压力的影响。一项研究表明，阿戈美拉汀能够模拟褪黑激素的作用，它能够逆转雄性老鼠的轻微慢性不确定压力，包括改变雄性老鼠的行为和改变其海马体。

褪黑激素本身是否存在不是关键所在。迅速成长的理论认为，晚上褪黑激素的增长能够帮助我们对抗抑郁，但如果早上我们不能抑制褪黑激素的产生，就会产生抑郁情绪。貌似褪黑激素必须与生物钟协调才能起到积极的作用。现在就让我们来看看如何发挥褪黑激素的积极作用吧。

调整你的生物钟

慢性压力会扰乱我们的生物钟，被打乱的生物节律和睡眠就如同火上浇油，我们的慢性压力愈演愈烈。因此，我们必须尽一切努力、采取一切办法保持规律的生物钟，这样我们就可以对抗慢性压力于我们的消极影响了。

我们可以利用到目前为止本书提供的信息调整自己的生物钟。要调整生物钟，就必须注意以下四个方面的生活方式：光、食物、运动以及热。心情激动或者警觉都会影响我们的生物钟，所以我们需要留心引起这些状态的东西。总的来说，睡眠之余我们会接触的东西无非是光、食物、运动以及热等。

光

当晚上的时候，我们可以通过控制光以产生褪黑激素，提高褪黑激素的量；而在白天时，我们又可以减少其产生的量。请记住，早上起床时减少褪黑激素的产生如同晚上增加其产生量一样重要。眼睛的接收器会将日光信息传递至我们体内的生物钟，这一接收日光的部位对蓝光特别敏感，对亮光也有所反应。当白天的时候，蓝光非常充沛，而蓝光具有唤醒效果。我们可以将蓝光的这一特点加以利用。一项小型随机控制实验表明，正在接受治疗的躁郁症患者带上抗蓝光眼镜可以显著减少狂躁症状。

晚上增加褪黑激素的量

把光调暗，使外界的光亮不超过 323~538 呎烛光的范围。为了鼓励我们的身体在晚上产生更多的褪黑激素，我们可以在睡觉前的几个小时远离蓝光。现在抗蓝光眼镜变得越来越普及，即使我们出差旅游或者倒班，有抗蓝光眼镜的帮助，褪黑激素照样能够产生。

褪黑激素的产生规律

白天接触光亮的日光可以提高我们夜晚褪黑激素的水平。

晚上接触亮光或蓝光都会干扰褪黑激素的产生，但如果白天能够接触强烈的日光，我们就能减少这种影响。白天接触的日光越少，晚上我们受亮光或者蓝光的影响就越大，它们干扰褪黑激素生产的程度就越高。

早晨降低褪黑激素的量

早晨接触晨光能够抑制褪黑激素的产生。接触黎明光线对我们的大脑大有裨益。与接触蓝光相比，眼睛接触黎明光线——或者是与黎明光线类似的人造光能够改善我们的认知表现。

总之，你可以：

- 尽量多地接触日光。
- 至少在早上、中午和下午晒晒太阳。
- 日落之后最好只接触烛光，避免其他光线。
- 每晚戴上防蓝光眼镜，选择滤光的电子产品软件。
- 在黑暗的环境睡眠，如果房间不够暗或者能听到杂音，请戴上眼罩和耳塞。

利用光线对抗飞行时差反应和倒班

当出差或者旅行的时候，我们可以利用光线来调整生物钟的时间。光线能够改变我们体内生物钟的时间，但生物钟的时间是往前还是往后取决于我们的身体在何时处于最凉快的状态。我们体内的温度变化取决于生理节律。身体在晚上变得越来越凉，而最凉的温度则出现在凌晨前几个小时。一项研究表明，如果我们在身体变得最凉快前的六至八个小时接触光线，我们就能有效推迟生物钟的时间，而在身体变得最凉快后的两至三个小时接触光线则会提前生物钟的时间。推迟或者提前生物钟的效果会因为光线强度、接触光线时间以及个人情况而显著不同。在这些因素中，接触光线的时间是最重要的。当我们利用光线改变生物钟时间的时候，接触光线的时间比光线的亮度重要得多。所有光频的白光都能有效调整生物钟的时间，但是蓝光的效果会更加显著。

食　物

哪些食物可以促进褪黑激素的产生

我们的身体会利用氨基酸中的色氨酸和维生素 B_6 生产褪黑激素。因此，想要促进褪黑激素的产生，我们体内必须有充足的色氨酸以及维生素 B_6。哪些食物拥有这些物质呢？鸡蛋和香蕉就是两个明显的例子，它们拥有丰富的色氨酸和维生素 B_6。日本的一项研究表明，以下的组合措施能够有效地帮助我们在晚上分泌褪黑激素。

- 在晚上、在睡觉之前接触暗淡且低温的光线。
- 食用富含色氨酸以及维生素 B_6 的早餐。
- 早餐之后至少在阳光下暴露 30 分钟。

另一研究表明，早餐富含色氨酸加白天不接触亮光的组合产生褪黑激素的效果并没有比早餐富含色氨酸加接触亮光的组合好。

某些食物含有现成的褪黑激素，但成分可能各不相同，我们可以考虑在晚餐上享用，我给大家推荐以下几种：

• 发芽豆类

• 蒙特默伦西酸樱桃

• 夜晚产的牛奶（奶必须来自拥有良好生理节律的牛）

总结：

• 确保摄入足够的色氨酸和维生素 B_6（可以通过吃香蕉和鸡蛋等获得）。

• 吃完早餐后，请务必至少暴露于阳光下 30 分钟。

• 晚餐应包含蒙特默伦西酸樱桃、发芽豆类或者夜产牛奶。

进食时间

白天是身体摄入食物的最佳时间。早上胃空的频率是最高的，早上肠道的蠕动能力也是最活跃的。老鼠实验表明，白天胆囊分泌胆汁进入肠道帮助脂肪消化的效果最佳。此外，肠道细菌也有昼夜规律，它们不喜欢在半夜消化食物。研究表明，如果南极洲哈雷湾英国南极调查站的轮班工作者在夜班进餐，他们血液中的葡萄糖和胰岛素水平高于白天吃同样的食物，这表明胰岛素在夜间呈现某种抗拒形式。褪黑激素阻止胰岛素调节血糖。因此，太晚且在昏暗的房间内进餐不是明智之举，请不要在光线昏暗的环境下进餐！

体内的生物钟会对“进餐时间”做出反应。在禁食进餐循环中，如果我们能在白天进餐夜晚禁食，那我们生物钟的表现就会最优秀。老鼠研究表明，我们进食的食物越多，我们距离上一次禁食的时间就必须越长。经过彻夜的禁食后，白天的第一顿餐饮开启了我们新一天的早晨。如果我们太晚进餐而且摄入的食物过多会缩短夜晚饥饿的时间，这会造成节律紊乱。改变饮食模式并将其保持一个星期就可以改变我们外周生物钟的时间。我们的交感神经系统和副交感神经系统依照昼夜节律工作，如果我们提早开启新的一天，将平常的早餐时间提前五个小时，我们的副交感神经系统就会跟随新的节律。推迟白天的进餐时间会打乱皮质醇的自然节律。

进餐时间似乎能够影响食物进入身体后的反应。即使我们沉迷于垃圾食品不能自拔，但如果我们能避免在晚上时间食用，垃圾食品对身体危害的可能性似乎就会减少。如果我们决定摄入不健康的食物，那么在午餐摄入比在凌晨一点摄入好多了，熬夜本来就不利于身体，更别说熬夜吃饭了。

在一项实验中，研究人员以夜间活动的老鼠（白天睡觉夜晚活动）作为研究对象。实验得出了石破天惊的重大发现。研究人员把老鼠分为两组。研究人员给老鼠提供含有一定卡路里的不健康餐食。研究人员规定一组老鼠在活动时间内按时进餐（每间隔八个小时进食一次），而允许另一组老鼠随时进食，即在一天二十四小时内随意进食，不管是睡觉时间还是活动时间。实验表明，被规定进食时间的老鼠没有变得过度肥胖，而随意随时进食的老鼠则患上了肥胖症。实验结束后，随意进食的老鼠，他们的重量增加了23%，他们体内储存的脂肪也比限定进食时间的老鼠高出70%，尽管他们进食的食物一样，食物含有的卡路里也一样。

我们应当注意：

- 禁食一大段时间后再进食。
- 尽量提早晚餐的进食时间。
- 拒绝在昏暗的灯光下进食。
- 上午时间尽量摄入多点食物，晚上尽量摄入少点食物。

如何利用进食—禁食循环调整飞机时差

我们可以尝试利用进食—禁食循环解决飞机时差问题。我们可以在坐飞机前的几天开始，在目的地早晨时间摄入充足食物，但是我们必须在此之前的八到十小时内禁食。

运　动

运动能增加皮质醇，也能缓解我们的“睡眠债”。把握好这两种效果能帮助我们调节自己的生物钟。

运动的时间不同，效果也会大相径庭。睡觉前的几个小时，我们的身体就开始想入眠，因为我们积累了一大笔睡眠债。但我们的生物钟可能会蔑视我们体内的睡觉指令，我们可能还会再清醒几个小时。如果我们在这个时候运动，我们就能推迟我们的生物钟。早晨运动与晚上运动或者根本不运动对褪黑激素、睡眠模式、身体温度以及副交感神经系统信号的影响是完全不同的。

• 如果我们不运动，我们晚上褪黑激素的生产就会减少。

• 在夜晚睡觉的时候，我们的身体温度会下降。但夜晚运动会阻止身体温度的下降。

• 早晨运动能提高副交感神经系统在晚上的活跃程度。

• 晚上运动能提高交感神经系统在晚上的活跃程度。

• 睡眠的快速眼球运动期对于形成新记忆是十分重要的。但是晚上运动会减少 10% 的快速眼球运动时间。

总的来说，你可以：

• 早晨运动。

• 如果只能够在晚上运动，那请避免在睡觉之前的三个小时内运动。

• 如果我们需要推迟生物钟保持清醒状态，请在平常睡觉时间之前的三个小时内运动。

热量

夜晚时间是身体最凉快的时候。当我们醒来时，当我们走动时，我们身体的温度就会升高。身体温度的下降似乎有助于我们进入睡眠状态……但奇妙的是，我们的身体分为两个部分，一个是我们手臂、双脚以及皮肤的“外壳”，另一个是我们的“内核”，即包裹着器官的体腔。当我们逐渐入眠时，“内核”的温度也逐渐下降。这就是为什么睡觉前冲热水澡然后身体降温能带给我们睡意。体腔的热量需要转移，于是热量转移到我们的身体表层外壳，这使得我们的体表热起来。之后“外壳”会将热量散发至周围的环境。巧妙之处就在于“外壳 ”的暂时性升温能够迷惑我们的大脑，这使我们能够更快入睡。这一升温的过程绝对不会干扰“内核”的降温。为了入睡，我们的体腔必须要变得更加凉快。因此用折叠被子盖住双脚的下半部分（包括双足）可以帮助我们更快入睡。研究表明，温暖双足有助于入睡。

- 保持睡房处于凉快状态。
- 上床前泡一个热水澡。
- 用被子盖住双脚的下半部分以及双足部分。
- 或者穿上温暖的袜子！

兴奋

褪黑激素与压力源呈敌对关系，因此使我们惊慌或者兴奋的任何事物——不管是社交伴侣还是电视噪音都与褪黑激素作对。如果房间不隔音的话，晚上请戴上耳塞吧。

晚上饮用咖啡因让我们保持清醒状态的时间要比早上长多了。一项研究表明，睡觉前三个小时饮用相当于双倍浓咖啡的量能够改变褪黑激素节律 40 分钟。过多的咖啡因会损害我们的身体，因此请避免直接进食咖啡因，将其加入茶水或者咖啡中会更加安全，每天一至两杯的量就够了。切勿过量摄入咖啡因。根据梅奥医学中心的发现，成人每天消耗咖啡因的最大安全量为 400 毫克，也就是相当于大概四杯现成咖啡的量。摄入太多咖啡因对身体是有害的。

- 晚上之后避免一切噪声源和刺激源。
- 至少在睡觉前的三个小时内拒绝摄入含咖啡因的饮料。
- 如有必要，请在睡觉时戴上耳塞。

其他利用生物钟的方法

如何推迟生物钟的时间

- 在夜晚将眼睛暴露于亮光下。
- 运动。为了延长清醒时间，我们可以在平常睡觉时间前的几个小时内运动。

• 保持身体暖和。确保自己的整个身体处于暖和状态，而不仅仅是双足！

• 晚上喝一杯咖啡。

如果你要熬夜工作

• 如果需要日夜颠倒，我们不妨在早上乃至整个白天戴上防蓝光眼镜，直至晚上才摘掉它。

• 在你想要的“天亮”来临之前，吃一顿能撑8~10小时的大餐。

如何提早生物钟的时间

• 想要睡觉之前，遮挡一切光源，并避免一切蓝光。

• 在飞机上观看电影时请戴上防蓝光眼镜，彻夜对着电脑工作也一样。

• 比平常提早一到两个小时起床，如果环境黑暗，请将自己暴露于日光或者亮光之下。

• 提早吃早餐。

• 加强锻炼，使自己疲累起来，积累“睡眠债”。但必须避免在睡觉前的三个小时内做运动。

• 尝试睡觉时，使用凉快的流通空气降低体温，但请通过穿袜子或者盖被子使某些部位温暖起来，如双脚下部分和双足。此外，冲一个热水澡吧。

• 避免咖啡因！

避免午饭后的困倦

所谓午饭后困倦是指午餐之后的慵懒状态。午饭后困倦能影响精神表现和认知灵活性。探索摆脱午饭后困倦方法的研究五花八门。午饭后困倦不仅发生在睡眠不足的人群身上，即使前一晚睡眠质量良好、休息不错的人群也会在午饭后感到困倦。研究发现以下途径能帮助我们缓解午饭后困倦：

蓝光或明亮日光

午饭后暴露于明亮的日光下半个小时能有效缓解午饭后困倦。在一项研究中，志愿者在午饭后将自己暴露于带蓝光的人工光源下，结果他们的警觉性变得更加灵敏，他们的精神表现也有所改善。

午饭后小憩

如果条件允许，请在午饭后小憩一会儿。45 分钟的小憩比 15 分钟的小憩更能使我们的副交感神经系统活跃。此外，15 分钟的小憩能让我们在认知测试中表现得更好一点。虽然小憩能够帮助我们更好地工作，但如果我们正在从事需要分析技能的事务，那么我们就需要花费一小段时间恢复到高度集中的状态。此外，小憩还能改善我们的心情。

减少每餐的食量

十分饱的午餐会导致更加疲倦的状态。相比于简单的午餐，丰富的午餐导致的午餐后困倦更加明显。

最佳日常安排

早上

• 早晨起床时将眼睛暴露于晨光之下。

• 每天进食丰富的早餐。

• 早餐之后至少接触日光 30 分钟。

日间

• 每天在这三个时段至少晒 30 分钟日光：早餐之后、午饭时间、下午。

• 早晨运动。如果实在不行，那就选择在下午运动吧。

晚上

• 尽早吃晚饭。晚餐应尽量少吃。

• 戴上防蓝光眼镜。

• 减少电子产品的蓝光辐射。

• 关掉灯源。

• 关灯之后停止进食。

• 避免剧烈运动。

• 避免电视噪声。

• 避免激动。

• 避免浏览社交媒体或者观看那些能引起愤怒或者负能量的东西。

• 避免含有咖啡因的饮料和酒精。

准备上床睡觉时

• 关掉电子设备。

• 阅读纸质书。

• 泡暖水澡。

• 使房间凉快，使双脚缓和。

第六章

通过消灭炎症来控制压力

炎症和压力是什么关系

我们身体的每个部位都驻扎着一支军队，行进的部队不断扫描潜在的威胁。这些部队就是免疫系统的一部分。如果有敌人试图侵犯身体，步兵就会点起火苗制止他们的行为。火苗在产生热量和发出红色光芒的同时也制造疼痛和肿胀。公元1世纪，古罗马的百科全书编纂者塞尔苏斯（Aulus Cornelius Celsus）写道：身体的那些“火苗”主要以四种形式呈现，即发热、疼痛、肿胀以及泛红。不管“火苗”如蜡烛火焰般温和还是如炼狱天火般猛烈，它的存在都是为了让我们免受“敌人”的侵犯。这些“火苗”被称为炎症。

就像步兵防范入侵的敌人一样，我们的免疫系统总是处于扫描的状态，以抵御不速之客。免疫系统燃起的火苗或大或小，或遍布全身或处于单个位置。如果我们的免疫系统认为敌人过于强大，熊熊大火就会蔓延至全身各个部位。于是，我们就会发烧。如果只是一个独立的敌人，那炎症就只会在一个位置产生。我们手指上的伤口可能会变红、肿胀和疼痛，但没有其他不舒服的地方。有时候细微的系统炎症会暗中伤害我们。于是，我们虽然不会发烧，却总是觉得不太舒服。

不良的生活方式是炎症的始作俑者。绝大部分人处于轻微慢性炎症状态，这使我们根本察觉不到它的存在。

> 绝大部分人处于轻微的慢性炎症状态。

压力与炎症有着千丝万缕的关系。如果我们将应激反应分成自主反应和下丘脑 - 垂体 - 肾上腺轴反应，我们会发现有趣的相互作用。交感神经系统的活跃会促成炎症而副交感神经系统的活动具有镇静作用，然而实际上它们的相互作用要比这复杂得多。虽然交感神经系统的活动会刺激炎症，但压力荷尔蒙皮质醇会降低炎症。

在慢性压力环境下，这些相互作用会促进炎症，而在释放压力的时候，这些相互作用又起到降低炎症的作用。在一项研究中，研究人员以六百多名中年个体为研究对象，他们几年来一直受缺钱的精神折磨，研究人员旨在研究这一焦虑与炎症迹象的关系。癌症护理者的炎症迹象 C 反应蛋白（CRP）比没有相似压力人群的高得多。一项小型研究的研究对象为十六名健康女性医科专业学生。研究发现，HRV 措施与炎症迹象（如肿瘤坏死因子 -α，TNF-α）水平呈反向关系。

炎症能无休止地激发压力

炎症、压力和抑郁彼此促进，各自成为一个自我维持的“旋风”。炎症能无休止地激发压力。相反，压力也能提高炎症。炎症的存在或者身体炎症发展的倾向能够决定某一压力经验最终是否会形成抑郁症。例如，我们知道身体产生炎症因子 IL-1β 和 IL-6 的倾向与人际压力引起抑郁的严重程度相关。

> 炎症能无休止地激发压力。

如果健康的人群发生炎症，他们的抑郁症状也会随之而来。实践证明，有时候采用抗炎症的方式治疗重度抑郁症比服用抗抑郁药更加有效。炎症与精神表现低下相关，某些炎症因子专门对付理性大脑，它们妨碍认知和记忆的大脑回路。患有某些炎症疾病的人群甚至会出现“大脑迷糊”，但随着炎症症状的改善，大脑问题也会逐渐减弱。

炎症发作的路径

只要我们的炎症或压力得到缓解，炎症的恶性循环和压力就会失去其势头。我们不能控制压力，但我们可以尽全力压制炎症，把对抗炎症放在第一位，这样当压力把我们推向炎症时，我们就能平衡压力的影响了。

研究发现了多种能够引起炎症发作的路径。让我们堵塞这些路径吧，这样我们就能对抗慢性压力带来的炎症影响了。

这些路径与以下方面相关：

- 肠道壁完整性
- 我们的微生物区
- 营养因素
- 生活方式

控制炎症发作的方法

肠道壁完整性

肠道是我们与外界隔绝的最后一道壁垒。这一“墙壁”由两部分组成：肠道的结构性墙壁和结构性墙壁内的黏液层。肠道墙壁就像一面砖墙，它由许多像砖一样的细胞组成。这些细胞通过叫作“紧密连接”的结构实现堆砌。一层厚厚的黏液层覆盖在肠道外壁内面，它就像墙纸一样将进入肠道的物质与身体的其他部位隔开来。

肠道“墙壁”是免疫系统的重要检查站，免疫系统的很多“士兵”都驻扎在这里，以阻挡致病的细菌、病毒和真菌侵入我们身体。任何能穿破黏液层和/或肠道外壁的物质都会让“不速之客”

进入体内进而引起炎症。妥协的“墙壁”造就“泄露的肠道”。

脂多糖（LPS）（有时也被称作内毒素），是“坏”细菌外在结构的组成部分。免疫系统把其当作“敌人”，如果它进入血液打破肠道墙壁的话，就会引发系统性炎症。所引起的炎症程度取决于有多少“敌人”成功进入身体。持续少量的内毒素可能不会引起明显的炎症，但会引起抑郁症状、情绪低落并增加焦虑水平。慢性疲劳综合征与压力相关。相比于一般人，疲劳综合征患者的血液中可能存在更高水平的内毒素。

可能损害肠道墙壁的因素

以下因素可能会引起或者激发肠道泄露：

- 心理上或者身体上的压力
- 不健康的饮食
- 非类固醇抗炎药（NSAIDs）以及质子泵抑制剂（PPIs）

心理压力和身体压力

压力能够摧毁我们的肠道墙壁。就算在公众场合演讲这件小事都能引起肠道泄露。剧烈的运动会导致肠道墙壁更具穿透性，大家都知道耐力运动，例如马拉松跑步会引起讨厌的胃肠道症状。热暴露也会提升肠道的穿透性，在炎热的环境中运动会加倍打击肠道墙壁。

压力会通过多种路径引起肠道泄露，而很多渠道尚未明晰。有一个关于压力和肠道穿透性的有趣理论，它涉及迷走神经。迷走神经是副交感神经系统信号从大脑传递至身体的主要通道之一。我们可以通过评估迷走神经活动（或称“迷走紧张”）来预测压力程度。

严重烧伤能引起诸多恐怖的结果，增加肠道穿透性是其中之一。在经历烧伤之后，如果我们用显微镜观察肠道墙壁，我们就会发现外壁内的黏液层的细胞之间有着很大的间隙。一项老鼠实验表明，在经历烧伤后的 60 分钟内刺激迷走神经能保护紧密连接的致密性并防止肠道墙壁破裂，即使用显微镜观察也看不到细胞间隙。而在经历烧伤后的 90 分钟刺激迷走神经只能保护大部分紧密连接结构，但并不是全部，此时我们能看到细胞之间存在小空隙。如果经历压力后迷走紧张上升得很快，防止肠道“墙壁”形成裂痕就成为可能。

规律运动有助于减少我们的整体压力反应，但就如前面所讲，剧烈运动本身能够产生压力。如果剧烈运动只是持续一段很短的时间，那它不会给我们带来任何问题，但如果剧烈运动持续的时间过长，我们的迷走紧张就会长时间处于低迷状态。从剧烈运动中恢复过来是需要时间的，这可能就是剧烈运动导致肠道穿透性以及引起慢性炎症的原因。就我们的身体而言，这是弊大于利的。业界认为，包括热应激以及军训在内的各种身体压力如同剧烈运动一样会激发肠道“泄露”，它们的作用机制是一样的。部分科学家怀疑迷走神经的这一反应正是剧烈运动能导致折寿的原因。

不健康的饮食

无论是一般观察还是实验室实验，它们都证实了某些不健康的饮食因素是破坏肠道“墙壁”的罪魁祸首。

当经历压力的时候，我们尤其需要注意远离酒精，或至少尽量少饮酒。过量摄入酒精会刺激大脑的炎症，或称神经炎症。酒精会让肠道穿透性恶化，这或许是因为酒精能够作用于肠道病毒。肠道病毒是引起与酒精相关肝病的主要原因。有趣的是，按照老鼠的重量，每磅给予 4 克酒精的同时，加入 5 克桂格燕麦能有效防止老鼠肠道的穿透性。这可能与 β - 葡萄糖有关，因为 β - 葡萄糖是燕麦中包含的可溶性纤维。可溶性纤维能够强化肠道外壁内黏液层的功能。如果晚上没有产生足够的褪黑激素，那么酒精引起的肠道“泄露”将会更加严重。因此，酗酒加熬夜对肠道“墙壁”是致命的打击，是炎症的罪魁祸首。

与给老鼠喂食 15% 酪蛋白（奶酪含有的主要蛋白质）相比，给老鼠喂食 25% 红瘦肉或者酪蛋白会导致它们的结肠黏液层变得更薄。这说明这类蛋白质的增高会破坏肠道“墙壁”。给老鼠喂食淀粉（抗性淀粉达到所摄入食物的 48%）就不会令它们的结肠黏液层变薄。这一发现说明：当蛋白质占所摄入食物的很大一部分时，增加抗性蛋白的摄入可以有助于我们保护自己的肠道“墙壁”。抗性淀粉与普通淀粉不同，因为它比普通淀粉消化得更慢。青色的香蕉比黄色熟透的香蕉含有更多抗性淀粉。如果将煮好的白米饭在4℃的温度下放凉二十四小时后再加热，这会改变白米饭所含有的抗性淀粉成分，即由原来每100克含有0.64克抗性淀粉上升至每100克含有1.65克抗性淀粉。事实证明，新鲜煮熟的白米饭所含的抗性淀粉含量更低。

动物实验表明：通过胆汁酸分泌的动力效应，高脂肪食物可能会破坏肠道的“墙壁”。相比于只含有7%脂肪（全部来自大豆油）的对照食物，含有40%脂肪（来自猪油和大豆油）的食物增加了肠道的穿透性。穿透性的增加与胆汁酸分泌有关。胆汁酸分泌也会影响肠道细菌。通过摄入膳食纤维和抗性淀粉可以抵消或者至少可以部分抵消这些效应。纤维和抗性淀粉会捆绑胆汁酸，这就能禁止它们在肠道内“自由”漂浮。理论说明，相对于自由漂浮的胆汁酸，被捆绑的胆汁酸对肠道的危害性更低。

为了降低肠道的穿透性，在摄入乳制黄油时不妨选择那些牧场奶牛生产的奶油，而不要随便选择其他五花八门的奶油。其实我们也不太确定原因，但老鼠实验证明前者能使我们的肠道“墙壁”更加牢固。

我们应该尽量避免人工甜味剂和乳化剂，因为它们会破坏我们的肠道“墙壁”，使我们的肠道发生“泄露”。无糖汽水是罪魁祸首，我们必须远离此类饮料。

患有肠道易激综合征（IBS）的人群需要避免摄入 FODMAPs（短链碳水化合物的集合）的食物组，因为它们可能增加肠道穿透性。关于这点，下文将会有更加详尽的说明。

某些具有副作用的药物

非甾体类抗炎药（NSAIDs）如阿司匹林和消炎痛能够增加肠道穿透性。如果伴随着心理压力，这一效应将会严重得多。当压力山大的时候，特别是必须吃止痛药的时候，我们需要注意照顾好自己的肠道健康。当肠道细菌改变的时候，部分效应会得到缓解。关于这一点，稍后将会有更详细的讲解。以下组合对肠道穿透性伤害最大：工作压力大、晚上熬夜或者倒班工作、周末酗酒、第二天吃阿司匹林缓解宿醉。许多人用以缓解胃酸反流症状的质子泵抑制剂（PPI）也可能会增加肠道渗漏。

预防肠道渗漏

以下因素可以使肠道内壁更加坚不可摧：

- 可溶性膳食纤维
- 谷氨酰胺
- 减少压力反应的持续时间
- 植物基底
- 维生素 D

可溶性膳食纤维

可溶性纤维可以强化肠道外壁内黏液层的功能。这就是为什么就算老鼠喝酒后依然没有 发生肠道“泄露”，因为它们每天吃两顿燕麦。燕麦包含可溶性纤维 β - 葡聚糖。其他含有可溶性纤维的食物包括欧车前果壳、卵叶车前草种子外壳（这在印度被广泛使用）、苹果果胶，以及褐藻中的海藻酸钠（这在日本被广泛使用）。

谷氨酰胺

肠道内膜细胞以一种被称为谷氨酰胺的氨基酸为食物。当胃部的食物进入肠道时，肠道内膜细胞从食物中调节出自己的美食。因此，我们摄入的食物中必须含有谷氨酰胺。牛奶蛋白质所含有的谷氨酰胺相当于牛肉蛋白质含量的两倍，因此牛奶是获取谷氨酰胺的良好途径。

减少压力反应的持续时间

前文我已经提到过这样一个理论：迷走神经能够促进肠道“墙壁”细胞间的紧密连接性。 在老鼠烧伤后的 60 分钟而不是 90 分钟内刺激迷走神经能够防止肠道“墙壁”出现裂痕。 虽然这一理论尚未得到证实，但实验表明，遭遇压力反应之后迅速恢复到轻松状态有助于保护肠道“墙壁”的聚合性。如需要此策略的详细指引，请回到第五课的相关内容。

植物基底

若要修复肠道“墙壁”的裂痕，我们需要锌的帮助。不管是大肠还是小肠，锌都能起到很好的效果。坚果、蔬菜以及肉类都含有锌。

尽量多地摄入各种植物类食物，包括水果、蔬菜以及五谷，这些食物既能够给我们提供可溶性 / 不可溶性纤维，又能给我们提供抗性淀粉，它们都能促进我们肠道内壁的功能。

姜黄香料能够缓和肠道内的炎症。业界正在开展相关临床试验，以尝试使用姜黄治疗肠道内炎症疾病，例如克罗恩病和溃疡性结肠炎。

维生素 D

身体缺乏维生素 D 会加重肠道穿透性，在患克罗恩病期间，适当补充维生素 D 可以改善肠道“泄露”。

我们的微生物区

我们的消化道生长着一万亿的细菌、病毒（噬菌体）以及真菌。这些生物群的集体名字就是微生物区。在遭遇压力和患有炎症时，我们的微生物区发挥着三个主要的作用。

第一，微生物区能防止消化道内的微生物进入身体其他部位以及引起炎症（和疾病）。

微生物区主要通过以下两个途径达到这个目的：

• 微生物区滋养并保护肠道外壁和黏液层。

• 肠道内的常驻细菌会尽力抵御外来细菌，防止它们侵入我们的肠道。

第二，微生物区能够改变免疫细胞的平衡，这大大减少了免疫细胞引发炎症的可能性。

第三，有证据表明肠道内细菌能够与大脑沟通交流，它们能够改善我们的压力反应。

建立健康的微生物群系

关于微生物区的研究尚且处于稚嫩阶段，我们还需要不断实践、不断补充知识以完善相关的理论体系。我们都知道，我们的目标是多样的。多样化的微生物区具有强大的复原能力，它能够适应不同的变化。多样化的生态系统能够支撑各种各样富有天赋和才能的组织。于是当细菌侵入我们的肠道，威胁我们产生疾病时，这些组织能够联合起来形成强大的对抗能力，打一场漂亮的胜仗。

多样化是会“传染”的。若要培养多样化的微生物，我们的微生物区必须有丰富多样的食物。我们的肠道细菌进食**微生物区内的碳水化合物**（MACs），这些碳水化合物是难于消化的。膳食纤维是碳水化合物的来源之一，因此，摄入各种各样的纤维能够帮助我们培养健康的微生物区。

仅摄入一种碳水化合物是不明智的，因为不同细菌的生存依赖不同的基底。如果我们只摄入一种食物，我们就只能培养有限种类的细菌，过多相似的细菌以及其他细菌的缺失会给我们的身体带来负面的影响。

微生物区对饮食的改变反应异常迅速。随着饮食的改变，细菌大军在二十四小时内就会面目一新。未经处理的（原生态的）、完整的、含有丰富纤维的植物食物包含种类繁多的碳水化合物；相反，为达到和谐一致的外观，加工后的食物失去了多种成分。进食加工后的食品是不利于培养健康的微生物区的。因此我们的每一顿饭都必须包含各种各样的未经处理的、完整的、源于植物的食物，我们必须以这个为目标，以供养肠道细菌。

经常摄入加工精良的白米就等于放弃了强化肠道墙壁的机会。给动物喂食米糠能够提高它们的鼠李糖乳杆菌GG株的水平，改善其肠道墙壁细胞的凝聚性。于是，就算动物接触到引起腹泻的轮状细菌，它们也不会患上腹泻，因为紧密连接的墙壁细胞能抵御炎症和疾病。在一项随机交叉试验中，研究人员发现健康人体连续四周每天只进食褐色米和/或全麦大麦，他们体内的炎症因子 IL-6 水平就会降低。

有一种受体叫作芳香烃受体（AHR）。通过保护肠道墙壁和调整免疫细胞，芳香烃受体在抵御炎症方面发挥着重要的作用。肠道细菌产生的代谢物能够激活芳香烃受体，因此，我们必须拥有健康的微生物区。此外，某些植物成分也能刺激芳香烃受体，这些成分包括十字花科蔬菜、类黄酮、多酚。蔬菜和水果蕴含丰富的矿物质，如镁和锌，它们都非常有利于肠道的健康。研究表明，连续六个星期给老鼠喂食低镁含量的食物会改变它们的微生物区，它们会变得压抑。而进食色彩丰富的蔬菜和水果能够改善炎症症状。事实证明，地中海地区的饮食和旧石器时代的饮食能够降低人体的炎症水平，因为它们蕴含各式各样的植物。

尽量多地为我们的肠道细菌提供丰富多样的源于植物的纤维食物，要每天坚持哦！

为了均衡饮食，这些纤维最好来自不同的食物种类，例如种子类、坚果类、豆科植物类、十字花科蔬菜类、薯类、根菜类蔬菜、水果类、香味料类以及谷物类。

水果和蔬菜的益处不仅仅表现在它们对肠道微生物区的功效上，这只是它们优点的九牛一毛。植物蕴含独有的营养素，这些营养素能改善大脑健康。为自己的每一餐提供一只“彩虹碟”吧，每餐进食丰富多样、色彩斑斓的水果、蔬菜、草本植物和香味料吧，这绝对是明智之举啊，因为每一种食物色素都能够为我们带来独特的益处！

我们都需要益生菌

肠道微生物区无时无刻不在抗战，它总是要对抗那些从食物和饮料进入我们躯体的病菌。士兵的数量决定着战斗能否胜利，因此我们必须定时向“军械库”添加忠良的肠道细菌，这样我们的微生物群才能打败病菌。

> 不同的肠道细菌种类拥有不同的名字。因此，我们可以通过名字识别不同的细菌族类。产生乳酸的族类被称为乳酸菌。

某些生活方式会减少细菌数量。使用抗生素就是一个例子。滥用青霉素相关的抗生素会导致乳酸菌种族的灭亡。业界正在研究新一代抗生素以代替双室药丸，这种新抗生素含有乳酸杆菌。

另一影响肠道细菌数量的生活方式因素是压力。压力与乳酸菌种族呈绝对对立关系，也就是说，一者的上升会导致另一者的下降。如果某乳酸菌数量上升，压力水平自然就会下降；相反，如果压力水平上升，乳酸菌数量就会下降。

• 某些乳酸菌种族能积极缓和压力迹象。实验表明，给老鼠的肠道注射“LC1 型”干酪乳杆菌能够降低它们的血压以及副交感神经系统的活跃程度。瑞士乳杆菌也能够起到相同的作用。

• 在一项随机、双盲的安慰剂对照实验中，研究人员要求171 名志愿者连续两个月服食含有植物乳杆菌的酸奶，实验结束后，志愿者的压力状况有所改善。

• 在一项小型随机、双盲的安慰剂对照实验中，研究人员要求患有疲劳综合征的患者连续两个月服食含有干酪乳杆菌的发酵乳牛奶饮品。实验结束后，志愿者结肠部位的双歧杆菌属和乳酸菌水平有所提升，此外，他们的焦虑水平显著降低。

• 研究发现，正常成年人连续一个月服食含有瑞士乳杆菌和双歧杆菌属的益生素能有效降低他们的抑郁症状、焦虑症状、愤怒症状以及降低他们的皮质醇水平。

• 研究发现，大学生的考试压力能够降低他们的乳酸菌数量。某些种类的双歧杆菌属可以帮我们缓解焦虑症状，但遭遇压力时双歧杆菌属的数量会有所下降。

• 研究人员要求 132 名志愿者连续三个星期服食发酵乳牛奶饮品（含有干酪乳杆菌）。实验结束后，志愿者，特别是那些一开始感觉压抑的志愿者，他们的心情明显改善。

• 研究人员要求一群健康女性连续四个星期每天服食酸奶发酵剂制成的含有乳双歧杆菌、嗜热链球菌、保加利亚乳杆菌以及乳酸乳球菌乳酸亚种的发酵乳牛奶饮品。四个星期之后，相比于那些对照组的志愿者，服食这些发酵乳牛奶制品的志愿者，她们的脑袋对疼痛刺激、情绪刺激的反应有所改变。

• 将鼠李糖乳杆菌植入老鼠体内能有效降低压力引起的焦虑和抑郁。

一个多世纪前的诺贝尔得奖者埃黎耶•埃黎赫•梅契尼可夫（Ilya Ilyich Metchnikof），他既是一位免疫学家，也是炎症研究的创立者之一。巴尔干半岛诸国生活着许多朴素的百岁老人，这让他非常惊讶，他发现他们定时服食酸奶，于是他提出每天摄入酸奶是长寿的秘诀。虽然我们还需要更多的研究，但目前的研究发现与这一观点如出一辙。就算不耐受乳糖的人群也能够服食酸奶而不产生任何问题，因为活性发酵剂能分解乳糖。如果对牛奶过敏，不妨选择其他替代品，如德国酸菜（欧洲发酵大白菜），纳豆（日本发酵大豆）以及泡菜（韩国发酵大白菜）。

除非你对乳制品过敏，不然请坚持每天摄入未经加工的、未经加热的益生菌酸奶。我们的目标是每天吃 300 克酸奶。我们不妨尝试把饭后的甜品换成酸奶，这一定是一个有效的方法。

> 要是留意到自己在慢性压力时期特别容易生病，这说明你的肠道细菌有问题。当我们处于压力状态时，去甲肾上腺素会在我们的肠道内循环。去甲肾上腺素会提升致病细菌的生殖能力。例如，它会引起某种大肠杆菌的迅速繁殖，而这种大肠杆菌会导致肠胃炎。

肠道易激综合征

我们的肠道聚集着上亿的神经。就像我们的大脑在面对慢性压力时会产生抑郁症状一样，我们的“肠道大脑”在面对慢性压力时会产生肠道易激综合征。暴露与压力之下或者压力山大的工作都容易引起肠道易激综合征，他们之间有很强的联系。肠道易激综合征的流行性因国家和文化的不同而不同。据报道，48% 的非洲女性医学院学生以及 41% 的韩国男性医学院学生会在实习前期患上肠道易激综合征，这是一个相当高的比例。肠道易激综合征可能与压力引起的微生物区失衡有关。一项研究表明，军训能够改变健康男性士兵的微生物区，而这种微生物区的改变会增加肠道穿透性以及加剧肠道易激综合征的症状。

人类对肠道易激综合征理解还处于浅层阶段，有关肠道易激综合征的诊断是极其不成熟的。 在肠道易激综合征的共同“旗帜”下，多种不同的疾病可能同时发生，但其过程尚待进一步证实。肠道易激综合征可能表现为多种症状，从腹胀、心痛、反酸甚至胀气、便秘、腹泻，或者所有症状同时出现。这些症状可能轻微也可能严重，可能稍逊也可能持续不散。

老是在意肠道易激综合征是不明智的，我们可以从以下两个原因理解：第一，在某些情况下，肠道易激综合征会加剧炎症症状。第二，肠道易激综合征会增加抑郁和焦虑的风险。也就是说，治疗肠道易激综合征能够减少我们患上抑郁和焦虑的风险。

相关理论指出，紊乱的肠道细菌会过度发酵食物中的某种碳水化合物（即 FODMAPs），而发酵的产物会带给我们莫大的痛苦，这些痛苦会引发肠道易激综合征的典型症状。至少两项随机对照实验表明，我们可以通过减少 FODMAPs 来控制肠道易激综合征。此外，如果我们摄入的食物只能引起少量 FODMAP，那么我们的炎症症状水平也会随之降低。有报道称，如果耐力运动员能降低他们食物中的 FODMAPs 或者在剧烈且高压的训练中避免 FODMAPs，他们的肠胃症状就会得到缓解。

肠道炎症以及免疫细胞的失衡可以能导致肠道应激综合征。除了 FODMAPs，包含蛋白质如谷蛋白的小麦和阿梅拉斯 - 特雷辛抑郁症都能够引发炎症，恶化肠道穿透性。患有肠道易激综合征的患者通常不能耐受小麦，在禁食其他种类的谷物如黑麦和大麦之后，他们也可能产生不舒服的症状。纤维肌痛症是一种肌肉骨骼疾病，这种疾病与压力息息相关，而且可能与肠道易激综合征同时发生。在一项研究中，研究人员发现低 FODMAP 食物能够降低纤维肌痛症患者的肌肉疼痛。

低碳水化合物饮食变得越来越受欢迎，因为支持者经常宣扬它可以改善消化，有益于整体身体健康。低碳水化合物饮食的部分好处在于它们可以在整体上限制碳水化合物的摄入从而消除小麦和 FODMAPs，这在肠道易激综合征发生的前夕显得尤为重要。

如果消化出现任何问题，不管是轻微的、急性的还是长期的，我建议你去看一下医生，以确认是否患上了肠道易激综合征。如果诊断结果是肠道易激综合征，那低 FODMAP 饮食方法可能会帮到你。请按照医生的指示进行，特别是在经历剧烈压力的时期。

不可溶性纤维不一定有助于缓解肠道应激综合征，但是可溶性纤维却可以。欧车前果壳是卵叶车前籽的外壳，它含有可溶性纤维。一项研究发现，每天服食两次欧车前果壳，每次服食 0.35 盎司可以显著改善肠道易激综合征的症状。紊乱的肠道细菌会导致肠道易激综合征，因此给微生物区补充益生菌会缓解其症状。除了每天坚持服食未经加工的、未经加热的益生菌酸奶，我建议你跟自己的医生商量一下是否需要上关于益生菌的简短课程。在一项随机对照实验中，研究人员发现作为益生菌补充剂的 VSL#3 能够改善儿童的肠道易激综合征症状。总的来说，在应对肠道易激综合征方面，我们需要与医生仔细探索以下三种措施：

- 减少 FODMAPS，避免摄入含有小麦和谷蛋白的食品。
- 欧车前果壳
- 益生菌

请注意在更改餐饮之前必须与自己的医生讨论这里涉及的方方面面以及其他饮食方法。肠道易激综合征的确认必须依靠专业的诊断，禁止自我诊断！

营养因素

饮食本身看似简单，却能够激发炎症，因为饮食能够影响肠道细菌和肠道穿透性。南卡罗来纳大学的科学家严格整合了6,500篇发表的论文，他们利用这些论文的数据和发现创造了“饮食炎症指数”。“饮食炎症指数”罗列了不同食物导致的不同炎症程度。因此，根据饮食习惯，对照饮食炎症指数就可以大概推测出自己的炎症程度。以下列举了某些脂肪种类对应的炎症效应分数（数字越大，食物的炎症指数就越高）：

- 饱和脂肪 = 0.373
- 反式脂肪 = 0.229
- 全脂肪 = 0.298

研究表明，某些食物拥有对抗炎症的功效（分数越低，对抗炎症的功效就越强大）：

- 姜黄 = -0.785
- 膳食纤维 = -0.663
- 黄酮（芹菜、辣椒以及百里香都含有黄酮）= -0.616
- 异黄酮（未经加工的大豆以及其他豆类含有异黄酮）= -0.593
- β - 胡萝卜素（胡萝卜和番薯中都含有 β - 胡萝卜素）= -0.584
- 绿茶 / 黑茶 =-0.536

饱和脂肪和反式脂肪

与项链相似，饱和脂肪也有三种不同的链型大小：短、中和长。长链饱和脂肪与它的中、短链“兄弟”不同，事实证明，它能引起的炎症程度尤为明显。科学家从动物脂肪和棕榈油中发现了棕榈酸或棕榈酸酯。棕榈油含有 43% 的棕榈酸，牛奶脂肪含有大约 30% 的棕榈酸，而猪油含有大约 25% 至 28% 的棕榈酸。棕榈酸构成我们身体的一部分，反过来，我们的身体能够产生棕榈酸。摄入高棕榈酸含量的食物与体内产生棕榈酸的区别在于摄入能够瞬间提升血液循环中的棕榈酸水平，而这可能会导致炎症的发生。

服食高脂肪的食物之后，食物中含有的脂肪就会打包成“餐后富含甘油三酯的脂蛋白”，这些脂蛋白会进入血液循环。富含棕榈酸的丰富餐饮能令富含棕榈酸酯和甘油三酯的脂蛋白达到峰值。血液携带富含甘油三酯的脂蛋白循环至全身，多个脆弱的身体结构，如血管内壁，就会暴露于棕榈酸酯之下。

在一项小型研究中，研究对象为六名年龄介乎二十五岁至四十五岁的志愿者。研究人员要求志愿者分别在三种不同的情况下服食牛奶膏、橄榄油以及含有 ω-3 鱼油的橄榄油。摄入这些食物数小时后，血液中富含甘油三酯的脂蛋白达到峰值。通过分析，研究人员发现了以下结论；服食牛奶膏后，棕榈酸占据了富含甘油三酯的脂蛋白脂肪的 36%；而服食橄榄油之后，棕榈酸只占据了富含甘油三酯的脂蛋白脂肪的 12%；服食牛奶膏后，单一不饱和脂肪油酸占据了富含甘油三酯的脂蛋白脂肪的 23%，而服食两种不同的橄榄油后，油酸占据了富含甘油三酯的脂蛋白脂肪的 61% 至 66%。

之后，科学家实施了模拟试验。当这些富含甘油三酯的脂蛋白在志愿者的全身循环并进入他们的眼睛时会产生什么现象呢？于是他们提取了视网膜细胞，并在实验盘上培植它们。然后，研究人员从志愿者的血液中提取富含甘油三酯的脂蛋白。最后，他们把这些视网膜细胞暴露于不同浓度的富含甘油三酯的脂蛋白下。

研究人员发现：与两种橄榄油相关的富含甘油三酯的脂蛋白相比，牛奶膏相关的（即拥有更多棕榈酸的）富含甘油三酯的脂蛋白能够在视网膜细胞中产生更多的氧化压力和炎症。这说明对血液产生大量棕榈酸的餐食可能会导致炎症和视网膜细胞损伤。

在一项近似研究中，研究对象为十四名健康的志愿者。研究人员要求他们摄入黄油而不是牛奶膏，但是研究发现了类似的结果，给心脏供血的动脉出现了损伤。

富含长链饱和脂肪的餐食也会在很短的时间内导致肠道细菌失衡。

反复加热或者加热过长的食用油都会产生反式脂肪酸。学界公认反式脂肪酸是产生炎症、心脏疾病和癌症的罪魁祸首。最近的一项研究表明，加热精炼的大豆油、花生油、橄榄油、菜籽油和脱水奶油以及部分氢化植物油至180℃会增加它们的反式脂肪酸含量。

红肉

食物成分可能会因身体状况的不同而导致不同的结果，某些食物在某种身体状况下可能无害而在其他身体状况下就可能有害了。红肉就是这样一个例子。某一流行病学研究证实了红肉与炎症之间的关系。越是肥胖，这种关系就越强烈，这可能是因为肥胖能把我们推向炎症状态。在炎症环境下，例如在压力巨大的生活方式下，细微的风险都会被放大。

> 在压力巨大的生活方式下，细微的风险都会被放大。

肉类之所以会引起炎症效应，罪魁祸首是Neu5Gc分子。Neu5Gc分子是红肉独有的，人体内没有这种分子。身体本身是不携带Neu5Gc分子的，因此，它的侵入被视为是身体的敌人。当我们摄入含有Neu5Gc分子的食物时，分子就会进入我们的身体，一小部分甚至会与我们的器官融合，包括肝脏。因为是外来分子，人体免疫系统会攻击它，因此会产生炎症。我们可以通过基因工程使老鼠不携带Neu5Gc分子。当这些老鼠被喂食Neu5Gc

分子时，Neu5Gc 分子就会刺激它们的免疫系统，这导致老鼠全身多处患上炎症。最近一项研究表明，患有自身免疫性甲状腺疾病的人群，他们的 Neu5Gc 分子免疫抗体水平明显比正常人高得多。相关理论认为多种硬化症与摄入红肉相关，因为红肉中包含 Neu5Gc 分子。牛肉中的 Neu5Gc 分子最多，其次是猪肉，最后是羊肉。虽然这还只是一个理论，但它却拥有强大的力量。与同是吃红肉的食肉动物相比，它能够解释人类更容易患上炎症的原因。因为其他动物本身携带 Neu5Gc 分子，所以它们的免疫系统不会因为 Neu5Gc 分子的侵入而变得活跃起来。

我们只可以摄入少量红肉。美国癌症学会建议我们尽量少吃红肉，以鱼类、家禽类以及豆类代替红肉是最好的方法。如果条件允许，请尽量这么做吧！

生活方式因素

高温度的烹饪方式

比起低温度的烹饪方式，高温度的烹饪方式——如油炸——会产生更多炎症因子。

高温烹饪肉类食物会产生一种名叫杂环胺（HCAs）的化合物。杂环胺是一种致癌物质。牛排煎得越久，它所含有的杂环胺就越多。在汉堡馅饼中加入姜黄、迷迭香以及橄榄油、洋葱粉甚至木槿提取物能够降低杂环胺的形成。高温下，肉类中的脂肪也会被氧化，形成“氧化脂质”。“氧化脂质”会引发炎症。与在平底锅中煎炸牛排相比，长时间低温烹饪牛排会产生更少的氧化脂质。与摄入低温烹煮的牛排相比，服食多汁煎炸的牛排会产生更多的炎症。这种烹饪的方法叫作“sous-vide”，它持续的时间比一般煎炸烹饪长，它使用的温度是60℃。红肉中的铁质也可能导致炎症，但在吃红肉之前以富含叶绿素的绿色蔬菜垫胃有助于减少铁质的消极影响。

把葡萄糖（被烹饪的食物可能本身就含有葡萄糖）与蛋白质或者脂肪放在一起煮，葡萄糖会与蛋白质和脂肪发生反应并黏附其上。产生的物质是一种高级糖基化终产物（AGE）。当我们摄入高级糖基化终产物时，它们可能会在我们体内产生炎症。相比于其他类型的食物，谷物、豆类、面包、蔬菜、水果和牛奶含有较低的高级糖基化终产物，除非它们添加了脂肪。在烹饪之前把肉类浸泡在活性物质，如醋之中，能减少高级糖基化终产物的生成。低温烹饪方式比高温烹饪方式好。干煎会加速高级糖基化终产物的形成，因而湿煮会更加安全。

运动

体育锻炼能减少炎症。不久迟点你就会发现，积极参加体育锻炼能对抗胰岛素抵抗。千万不要久坐不动哦！

限时进食

证据表明，一天中相当一部分时间不进食能够降低炎症症状。这就是所谓的限时进食。在一项随机研究中，那些只在规定的八个小时内（即分别在中午 1 点、下午 4 点和晚上 8 点）进食的志愿者，两个月后，他们的炎症症状有所改善；其他的志愿者虽然也与前面的志愿者摄入同量的卡路里，但是他们进食的时间更宽泛（即早上 8 点、中午 1 点和晚上 8 点）。褪黑激素是夜晚黑暗的时候产生的荷尔蒙，它拥有对抗炎症的功能，但太晚进食大餐会妨碍褪黑激素的生成。因此，一天只在规定的八小时内进食有助于减轻炎症。

限制卡路里

善待肠道的最好方式是拒绝海吃海喝：一餐吃太多不行，一天吃太多也不行；总进食量太多不行，脂肪摄入量太多也不行。以天为单位，摄入的脂肪量少于体内脂肪燃烧量能有效对抗炎症。限制卡路里与生物钟相互呼应，如果我们能照顾好自己的生物钟，就能收获更多的好处。我们不需要盲目限制卡路里的摄入，归根到底需要确保的是摄入的卡路里不高于身体所需量。日本人非常明智，当他们感到八成饱而不是十成饱时，他们就会自觉停下来，这是他们的传统。人们认为，这一被称为“Hara Hachi Bu”（八分饱）的传统延长了日本人的寿命。

• 以天为单位，摄入的脂肪量少于体内脂肪燃烧量能有效对抗炎症。

内脏脂肪

内脏脂肪是指隐匿在腹部器官之间的白色脂肪，皮下脂肪不属于内脏脂肪。内脏脂肪的宽泛定义为“腹部脂肪”或者“中心性肥胖”。

如今，白色脂肪也被称为“器官”，因为它能产生激素以及引起炎症因子。有证据表明脂肪构成了免疫系统的一部分，当身体感觉到它被攻击时，这一部分脂肪就会变得活跃起来。当脂肪被激活时，它就会发炎，释放炎症因子，使炎症之火不断蔓延。一旦发炎的内脏脂肪活跃起来，它就会不断扩散，在这个过程中，这些脂肪会释放更多的炎症因子，这就使其成为极大的炎症祸害。尽管内脏脂肪与炎症相关，尽管被激活的内脏脂肪能够释放炎症因子，但我们仍然不知道内脏脂肪是炎症的始作俑者还是炎症引发的结果。似乎两者都有。

肠道穿透性与内脏脂肪也存在一定的关系。相关理论指出，因肠道“泄露”而进入身体的“敌人”因子会激活内脏脂肪并导致其不断扩散。被激活的内脏脂肪能够释放炎症因子，从而帮助身体对抗入侵者。这一理论将肠道细菌视为内脏脂肪动力学的中心。给老鼠喂食高脂肪的食物或者让老鼠患上结肠炎会令它们的肠道产生炎症，而肠道炎症又会导致肠道“泄露”以及激活内脏脂肪。给老鼠喂食益生菌乳杆菌 SBT2055 能够防止肠道墙壁穿透以及防止内脏脂肪升高。

超重的人群或者虽然瘦削但有肚腩的人群都可能有内脏脂肪。许多健身室都给顾客提供用以测量内脏脂肪的生物阻抗测量技术。尽管测量结果不够精确，但大概的估测对于我们也大有裨益。在炎症和内脏脂肪的问题上，不管是先有鸡蛋还是先有鸡，内脏脂肪总是越少越好。

如果内脏脂肪与肠道穿透的关系理论是正确的，那么减少内脏脂肪的最佳方法便是当心肠道细菌，保证肠道墙壁健康，使其坚不可摧。在这种情况下，快速从压力中恢复过来、学会放松也是减少内脏脂肪的有效方法。

相关证据表明，如果皮质醇处于高水平，如果我们处于压力状态，那么餐食中的糖分会刺激内脏脂肪的形成（这可能是由于糖分对微生物区的作用引起的）。研究人员并没有探索不同糖分与内脏脂肪形成的关系，但是研究发现，我们应尽量避免所有精制糖类，特别是在压力时期，这无疑是明智的选择。

任何减脂方式都可以减少内脏脂肪。规律的有氧运动以及限制卡路里的摄入都有助于内脏脂肪的减少。研究表明，如果我们到健身室举重，那么将高强度训练（每个星期两次）与规律健身训练（每个星期两次）结合要比单单规律训练的效果好。进食的频率也能够影响内脏脂肪的形成。相对于每天进食三餐，每天进食六餐会在腹部器官周围产生更多的脂肪。

保持健康的体形

只要不过度运动，运动能改善炎症状况。我们在改善自己体形的同时，也在改善自己的整体炎症水平。相比于久坐不起、缺少运动的人来说，积极参加体育锻炼的人群，他们的炎症更少。

> 我们在改善自己体型的同时，也在改善自己的整体炎症水平。

热量

本章重在讨论如何降低炎症。在一定条件下，炎症的降低能够提高身体温度。有趣的是，在没有炎症症状和其他疾病的情况下，身体温度的上升能有效改善心情。规律的桑拿疗法能够改善抑郁症状。在一项随机对照实验中，研究人员让一组志愿者的主体温度在瞬间快速提升至 38℃（通常是 37.4℃）。相比于对照组的志愿者，这 15 名患有重度抑郁症的患者，他们的症状得到明显改善，而且这一效果至少持续了六个星期。甲状腺激素要不独自在血液中自由漂流，要不由携带者携带着在血液中漫游。体温的升高会令甲状腺激素从携带者中分离，于是血液中会出现更多单独漂流的甲状腺激素。即使是人为原因增加了“自由”漂流的甲状腺激素，抑郁症症状也会得到缓解。如果体温升高2℃，即从37℃升高至39℃，血液中“自由”甲状腺激素的浓度就会增加23%，这会引发精神愉悦感的产生。

桑拿疗法还有助于大脑的整体健康。热量能够增加热休克蛋白（hsp），特别是“热休克蛋白70”的数量，这正是桑拿功效的原因之一。人们认为热休克蛋白70能够使细胞远离氧化应激。在最近的一项前瞻性人群研究中，研究人员以两千多名芬兰健康男性为研究对象。研究人员追踪他们的时间长达二十年。研究发现桑拿浴能显著减低人们患上痴呆的风险。如果我们泡桑拿浴的次数从每周2至3次提高至每周4至7次，那么我们患上痴呆的风险就会从0.78降低至0.34。

- 如果感到低落，不妨去泡桑拿浴或者冲一个热水澡。
- 坚持每个星期泡几次桑拿浴（记得与医生确认后再行动）。

光

我们经常把阳光与紫外线联系在一起，但其实我们接收到的一半以上的阳光都是红外光。当阳光接触我们的皮肤时，当中的三分之一是近红外光，它可以穿透皮肤表层进入更深层次的组织。近红外光能够发挥对抗炎症的功能。相关动物研究表明，近红外光能够减少炎症部位的某些炎症因子并平复小神经胶质细胞。用特别设计的机器将近红外光照射到头部有助于减少焦虑情绪、提升记忆的持久性。在一项双盲安慰剂对照实验中，实验对象为四十名德克萨斯大学的健康大学生。研究人员发现两个星期后，那些大脑接受近红外光治疗的大学生，他们的反应时间更短，记忆能力增强，他们的心情也变得更好。不过这一范畴的研究还处于稚嫩的阶段，它们的研究成果还有待进一步研究确认。还有一种较为安全的方法，那就是从大自然获取近红外光。短暂、安全且规律地暴露于阳光之下能够改善我们的维生素D水平，也能够适当利用近红外光的积极功效。

酒精

酒精能增加肠道穿透性，加剧炎症症状。相关研究对此做出了详细的阐述。酒精将目标锁定在肠道外壁内的黏液层上，酒精能从黏液层中吸收油脂，从而降低其疏水性。酒精对肠道穿透性的影响程度与酒精的摄入量有关。不知道你是否还记得可溶纤维能够保护黏液层？现在不妨回顾一下前文讲述的一个关于老鼠的实验。老鼠的实验表明，可溶纤维能够防止酒精性肠道泄露的发生。现在还没有关于人类的类似实验，但从其强大的抗炎症功效来看，如果你想要治愈压力引起的大脑损伤和肠道泄露，我强烈建议你彻底远离酒精。最近的研究表明，饮酒可以导致七种癌症，而且不管饮多少都是不安全的，都能引起癌症风险，为了您的身体健康，请彻底远离酒精！

第七章

通过调节胰岛素抵抗来控制压力

什么是胰岛素抵抗

如果我们强迫一只小老鼠与另一只其不太熟悉的老鼠分享自己的窝，就算小老鼠毫无戒备心，小老鼠也会紧张起来。如果另一只老鼠让小老鼠产生了无足轻重的感觉，那么这只可怜的小老鼠就会产生“从属压力”。如果在这种情况下检测小老鼠的肝脏和肌肉，你就会发现，当小老鼠的压力越来越大时，它体内就会产生胰岛素抵抗。

胰岛素抵抗是其中一种压力因子。如果老虎即将伤害我们，我们的大脑就需要思考逃跑的方法。我们的大脑必须比身体的其他部位表现得更出色，这样它才能指挥身体“按下按钮”，禁止血液中的葡萄糖进入身体细胞。随着葡萄糖在血液中凝聚，更多葡萄糖就能够进入大脑。

身体按下的这一机智按钮叫作胰岛素抵抗。我们体内存在着一种能隔开身体细胞与血液的门。当葡萄糖需要寻找入口时，这些门必须被打开。胰岛素掌握着这些门的钥匙。一般情况下，胰岛素总是让这些门开着，每次血液中的葡萄糖水平升高时，部分葡萄糖就会被迫从血液中挤到其他身体细胞中，这样血液中的葡萄糖水平就会再次降下来。这样血糖水平就会保持在稳定的水平。但如果胰岛素“丢失了钥匙”，它就不能把这些门打开，葡萄糖就不能从血液中转移到身体细胞中。葡萄糖不断在血液中聚集，于是血糖水平持续上升。我们把胰岛素丢失钥匙这一现象称为胰岛素抵抗。在面对短暂且轻松的压力时，胰岛素抵抗能拯救我们的生命。但如果胰岛素抵抗超出了人体所能接受的正常范围并且长期存在，这时胰岛素抵抗非但不可以拯救你的生命，反而会缩短你的寿命。

胰岛素抵抗通常与中心性肥胖（脂肪在身体中部积聚）和高血压并存。如果同时存在，那这三者被统称为代谢综合征。之所以叫代谢综合征，是因为代谢失常是其致病原因。

你认识这类型的人群吗？刚步入青年时期的他们苗条匀称，但因为生活压力大，他们逐渐失去活力，精神消沉的样子根本与他们的年龄不相匹配。现在的他们可能肥胖，他们的腰腹部可能存在过多的脂肪（有时候人们将这种现象称为中年发福）。他们可能受到医生的监管，因为他们的血糖水平、血压水平正在上升，胆固醇水平也不那么理想。伴随着这些变化，他们的头脑清醒状态、心情以及精神表现也可能会随之改变。这些都是代谢综合征的早期症状。

研究发现，慢性压力和胰岛素抵抗存在一定的关系。连续两个星期每天将老鼠暴露于压力之下几个小时，老鼠体内就会产生胰岛素抵抗。这说明慢性压力让老鼠体内产生了胰岛素抵抗。伦理约束导致严格的实验室实验成为难题，我们不可能以人体为对象研究慢性压力与胰岛素抵抗的关系。但我们可以留心现实生活中的人群，观察他们的压力水平，研究他们的压力是否与胰岛素抵抗相关。

在一项研究中，研究人员追踪了234名警察整整五年时间。研究发现，压力水平更高的警察，他们患上代谢综合征的风险也越大。在另一项研究中，研究对象为1,815名在日本工作的男性工人。研究表明，从主管处获得的支持越少，他们患上胰岛素抵抗的风险就越高，而且明显高得多。工作缺乏认可和回报的感觉是产生工作压力和疲乏的原因之一。这种感觉能够通过努力奖赏失衡比率（ERI）量化。努力奖赏失衡比率越大，努力能获得的预期奖赏比例就越少。以1,441名德国工人为研究对象的研究发现了ERI分数与患上代谢综合征呈正向关系。这种关系在年轻雇员和男性雇员中尤为明显。一项关于204名约旦男性工人的研究表明，如果工人处于压力状态而且ERI分数较高，他们患上代谢综合征的风险就比其他人高得多。此外，如果工人的ERI分数较高而且经常被激怒，那么他们患上代谢综合征的风险就更高了。

仇恨和愤怒不仅伤害大脑，它们也伤害身体。酝酿愤怒和仇恨的过程与胰岛素抵抗有关，这是独立于其他因素如肥胖症之外的因素，两者之间的关系强烈程度因人而异。在一项研究中，研究对象为健康的中年男性。研究表明，那些曾经偏执瞎猜疑或者歇斯底里的人会有胰岛素抵抗的倾向，他们的炎症水平也会更高。科学界尚未完全理解大脑中的愤怒和仇恨是如何对胰岛素打开肌肉上大门的能力产生直接影响的；某些研究则认为这两个互不相关的现象是通过大脑中的5-羟色胺信号转导联系起来的。5-羟色胺信号转导会释放压力激素皮质醇，而皮质醇影响血糖的控制。

为什么胰岛素抵抗的危害如此之大

胰岛素抵抗有两个参与者，一个是葡萄糖，另一个是胰岛素。这两者都是生存的必要因素，它们在各自狭窄的“带宽”上发挥着神奇的作用，过高或者过低的水平都会导致大脑或者身体不适。

葡萄糖和大脑

胰岛素抵抗能提升血液的葡萄糖水平。不管是过高还是过低，葡萄糖水平的紊乱都可能通过多种途径损害大脑。

葡萄糖水平的上升会增加谷氨酸毒性的风险。前面讲述炎症的时候我们已经遇到过高级糖基化终产物。当葡萄糖与脂肪或蛋白质反应时就会产生高级糖基化终产物。此外，高级糖基化终产物还可能存在于某些食物种类。血液葡萄糖的上升也会导致高级糖基化终产物的形成，这对大脑是有害的。

如果大脑缺乏足够的葡萄糖，它就会能量不足，它的功能就不能以最佳的方式发挥出来。这就是为什么当大脑检测到血糖水平下降时，就会激发压力反应。当我们被攻击时，压力就会在瞬间增加血液中的葡萄糖水平，这导致大脑拥有过剩的能量。

突触可塑性是一种非常“昂贵的服务”，它高度依赖于能量的供应。剥夺大脑细胞的能量等于掠夺突触可塑性的自由。在这种情况下，无论突触可塑性选择哪种方法，它们都不可能再形成新的突触。患阿尔兹海默病（老年痴呆症）的人群，他们的大脑采用的是一种“便宜”的运行和连通模式，即为了适应低能量的供应而接受稍逊的功能，这就像一家为了节省开支而重组的公司。相关理论指出之所以会这样，是因为大脑不断挣扎，祈求获得足够的葡萄糖。

你是否觉得每餐摄入更多的精制糖就可以给大脑提供足够的能量？答案是否定的，这样不但起不到积极的效果，反而会带来消极的影响。在一项日本人的研究中，研究人员要求十二名非常健康的年轻男女志愿者在未摄入任何食物的八个小时后喝一杯含糖饮料（含有 75 毫克葡萄糖）。之后，研究人员对他们的大脑实施了扫描检测。实验得出了非常震惊的结果：随着血液中葡萄糖水平的升高，大脑的某些部位对葡萄糖产生了“抵触心理”。于是，葡萄糖不能进入大脑细胞，不能给它们提供能量。受影响的部位包括前额皮质。这一现象被称为葡萄糖代谢减退，它与抑郁症状息息相关。一项关于老年抑郁症患者的研究表明，血液中的糖分越多，大脑减少吸收糖分的量就会越多。胰岛素抵抗会引发大脑葡萄糖代谢减退。

胰岛素和大脑

在胰岛素抵抗的情况下，胰岛素的行为和动态活动会受到一定的影响。这对于正在经历压力的人群来说无疑是雪上加霜，因为胰岛素能够促进突触可塑性。实验表明，往健康老鼠的海马体注入胰岛素会提高他们的学习和记忆能力。而通过鼻子给老鼠注入胰岛素不仅能改善它们的短期记忆，还能增强它们的长期记忆能力。如果人体以同样的方式摄入胰岛素，那得到的结果也是一样的——他们的记忆力也提高了。

如果慢性压力会导致胰岛素抵抗，我们该怎么办呢？慢性压力固然是引起胰岛素抵抗的因素之一，但影响胰岛素抵抗的因素还有其他，他们都能独立增加胰岛素抵抗的风险。如果我们能消除这些因素，那么我们即使正在遭受慢性压力的影响，也能够保护自己免受胰岛素抵抗的侵害。

如何防治胰岛素抵抗

炎症与胰岛素抵抗密切相关。第六章已经详细讲述炎症的方方面面，如有需要，请回到第六章回顾相关知识。除了炎症，饮食模式、久坐缺乏运动、中心性肥胖以及不规律的作息都与胰岛素抵抗息息相关。

饮食因素

合理的早餐量能够减少我们患上胰岛素抵抗的风险。在一项研究中，相比于早上摄入 200 卡路里晚上进食 700 卡路里的饮食模式（中午摄入的卡路里恒定不变），研究人员发现，胰岛素抵抗患者在早上摄入 700 卡路里晚上进食 200 卡路里的饮食模式下，他们的葡萄糖和胰岛素控制有了明显的改善。另一项研究发现，不吃早餐，直到中午才进食的行为会损害胰岛素的动态活动。

有一个名词叫作饮食酸负荷，它指的是餐食中影响血液酸碱度的酸性物质。在这种情况下，肾部需要产生更大的缓冲作用。日常常见的食物中，肉类、奶酪、鸡蛋以及谷物拥有较高的酸负荷，而水果和蔬菜则能起到碱化效果。有人建议不要摄入过高的酸负荷，因为它会引起胰岛素抵抗。

脂　肪

避免摄入过多的棕榈酸

如果餐食包含太多饱和脂肪（65%），它所包含的棕榈酸就会高达40%，这会迅速导致胰岛素抵抗的产生。而低脂肪餐食，即棕榈酸只占总卡路里的8%，那么无论餐食是松饼、馅饼还是雪糕，相比于高饱和脂肪餐食，它都不会产生胰岛素抵抗。饱和脂肪棕榈酸酯的来源包括动物和牛奶脂肪，例如黄油、猪肉、牛脂以及奶酪。

拒绝过量脂肪

有证据表明，经常进食大量脂肪会影响胆汁酸的生成，进而影响肠道环境和肠道细菌。在这种情况下，胰岛素抵抗风险就会提升。不同的脂肪种类似乎会产生不同的影响。一项小型实验发现，与其他种类的脂肪相比，中链饱和脂肪对血液中酸胆汁上升水平的影响是最小的。但这一理论还需要进一步的研究确认，在目前阶段，我们也只能静观其发展了。后面将会讲述更多膳食脂肪的内容。

糖　分

避免摄入任何形式的加工糖分

摄入含有精制糖的食物可能会引起胰岛素抵抗，这些食物包括罐装果汁、软饮料以及其他任何含有糖分添加剂的食品。有一半的蔗糖分子都以果糖形式出现，而且各种各样的加工食物以及饮料都会加入果糖。果糖具有引起肝脏胰岛素抵抗的能力，而且是独立于胰岛素和葡萄糖之外的，这就是为什么进食加工食物与胰岛素抵抗密切相关。同时摄入糖分和饱和脂肪棕榈酸酯对胰岛素抵抗尤其不利。

细心挑选糖类

一项日本队列研究表明，如果一个人的体质指数为25kg/m^2甚至更高，那么他所摄入的糖分最多不超过其摄入卡路里的50%。如果我们在某种程度上患了胰岛素抵抗，那么我们应控制每餐的糖分摄入量，最多不超过摄入总卡路里的30%（同时需要注意的是，我们摄入的卡路里不得高于身体所必需的量），因为这样有助于胰岛素的动态活动。总的来说，我们最好避免任何形式的精制糖、加工糖。至少我们应该避免在晚上摄入精制糖，如果我们还能在总体上模仿地中海式的饮食方式，我们就能保护自己，消除患上胰岛素抵抗的风险。如果我们非常渴望吃小麦，那么请选择硬实非发酵的面包，如扁面包，因为它比松软膨胀的面包更有益于胰岛素的动态活动。如果条件允许，请尽量选择黑麦面包，因为它比任何形式的小麦面包都要好。

如果你不仅感到压力巨大，还被肠胃症状缠身，那么请你回看有关的内容吧。

低血糖生成淀粉

淀粉食物比精制糖更有利于胰岛素的动态活动，而且缓慢消化淀粉比快速消化淀粉要好。青蕉就是一种缓慢消化类淀粉。将食物煮熟后（炸马铃薯或者白米饭）放凉并储存在大约4℃的环境下二十四小时可以增加它们的“抗淀粉”成分。一项研究表明，在吃白米饭的同时加入可溶纤维短短两周就可以增加胰岛素抵抗，这可能是因为可溶纤维降低了白米饭的吸收率，将其转化为“缓慢消化”的淀粉。（下面将会讲述更多这方面的内容）

蛋白质

世界卫生组织以及粮农组织呼吁孕妇以及运动员之外的成年人每天按照自己的体重进食蛋白质，摄入量为每公斤0.8克。蛋白质的相关研究认为过度摄入蛋白质与胰岛素抵抗密切相关，虽然蛋白质的来源是重要的考虑因素。某项研究发现，动物蛋白质而非植物蛋白质的总摄入量与胰岛素抵抗有直接关系。另一项关于老年男性和女性的研究发现，动物蛋白与胰岛素抵抗存在着间接的关系。肥胖的绝经女性每天摄入含有两种乳清蛋白奶昔的卡路里控制减肥餐并不能改善她们的胰岛素动态活动，这些减肥餐在减肥的同时并不能改善人们的胰岛素状况。肉类的摄入，特别是那些加工后的肉食，可能与胰岛素抵抗存在关联。有趣的是，鱼类蛋白质（来自沙丁鱼的蛋白质）有益于糖尿病老鼠的胰岛素抵抗和葡萄糖控制。

- 避免摄入任何形式的精制糖。
- 原始谷类食物比面粉好。
- 如果没有体质指数问题，那么选择黑面包比选择小麦面包对胰岛素动态活动更有利。
- 比起膨胀面包，硬实非膨胀面包对胰岛素动态活动更有益。
- 摄入白米饭时请加入一点可溶纤维，或者煮熟白米饭后在冰箱放置二十四小时再进食。
- 如果你不是运动员，请避免摄入加工后的蛋白质粉末。
- 如果必须摄入高蛋白质的餐食，那请尽量用动物蛋白质代替植物蛋白质。
- 要平衡饮食，如果餐食中含有过多蛋白质，那请用新鲜蔬菜代替它们。

高级糖基化终产物

之前我们谈过高级糖基化终产物能够引起炎症。现在我们来谈谈餐食中的高级糖基化终产物也可能会增加胰岛素抵抗的风险。那些富含脂肪和蛋白质的动物食品含有大量的高级糖基化终产物，特别是煮熟之后。烤坚果、烤牛排、煎豆腐、炸肉（包括培根）会增加高级糖基化终产物的成分。鸡肉或鱼肉外面裹面包屑的食物含有高水平的高级糖基化终产物。将肉类烘完再烤会显著增加高级糖基化终产物的含量。比起其他动物蛋白质，炒鸡蛋含有的高级糖基化终产物要少一些。水煮白米饭的高级糖基化终产物含量相当少。只要不是与脂肪一起烹饪，煮熟的蔬菜、水果、牛奶和原始谷类食物都比动物蛋白质的高级糖基化终产物含量少。比起干煮，湿煮会产生更少的高级糖基化终产物。

纤维

日本的一项研究表明，在白米饭当中加入可溶纤维会改变其对血糖和胰岛素的影响。在一项研究中，研究人员要求一组超重男性和女性在早餐进食白米饭和可溶纤维，但他们的早餐本来是不含有可溶纤维的。短短两个星期后，他们的胰岛素抵抗有所提高。另一项研究也得出了相似的结论。在以碳水化合物为基础的早餐中加入 6 克欧车前果壳能够改善餐食后胰岛素的动态活动。

发酵乳

世界各国关于发酵乳和胰岛素抵抗的研究表明，规律摄入发酵乳产品，如酸奶与胰岛素抵抗呈反向关系。请确保选择的酸奶是未经加工的，且标签上列明了所含有的细菌。每天摄入酸奶的量宜为 300 克。服食抗生素之后，请用益生菌补充剂弥补肠道生态系统，再坚持每天喝酸奶。研究发现 VSL#3 益生菌能够降低人类患上自身免疫性糖尿病的风险。

- 坚持每天摄入自然原始的益生菌酸奶 300 克。
- 服食抗生素一段时间后，请考虑是否需要用益生菌配方如 VSL#3 补充肠道的微生物区（请在医生的建议下进行）。

姜黄

姜黄除了能够抑制炎症，还能有效对抗胰岛素抵抗。到底摄入多少的量才能获得其胰岛素抵抗的益处？以药片的形式摄入好吗？其活性成分、姜黄色素的实际吸收率是多少？因此，我宁愿摄入完整的姜黄香料。我会尝试模仿印度人的做法，他们将姜黄作为烹饪的必需品，他们几乎每顿都放姜黄，包括早餐。

肝脏将姜黄“研磨打碎”，而黑椒中含有的复方胡椒碱会降低研磨的速度。连同一小撮黑胡椒一起摄入姜黄素能够在摄入后的一个小时左右极大提升其在血液中的水平。将姜黄素混入脂肪（或实际上摄入的餐食中同时含有姜黄素和脂肪）能够提升其生物药效率。最后，我想强调的是，摄入完整的姜黄香料比摄入含有姜黄色素的药物好，因为姜黄香料含有的其他复合物能够提高姜黄的吸收率和留存率，也因为进食完整的姜黄香料能够起到稀释作用，因而在一定程度上能够避免其毒性。患有胆道梗阻的人群，怀孕的人群，或医生建议少吃草酸盐的人群，请基于医生的建议再将姜黄素添加到目前的餐食中。

• 如要摄入姜黄素，请尽量选择完整的姜黄香料，不要随便摄入含有姜黄提取物的药物。将姜黄素加入到烹饪中吧。如果必须摄入姜黄药物，请选择那些包含完整姜黄香料成分的药片。

• 在摄入姜黄素的同时，也可摄入四分之一茶匙的黑椒和一点点脂肪。

肉桂

研究发现，厨房常见的香料肉桂能够改善老鼠体内的胰岛素抵抗，但科学尚未发现到底其是否对人类有同样的功效。然而，研究发现每天摄入 1 到 3 克肉桂对身体确实有一定程度的益处。如要在餐食中加入大量的肉桂，请先咨询医生。

镁

关于 18 项随机试验的荟萃分析表明，对于那些糖尿病风险人群（如超重人群或肥胖人群）来说，镁添加剂有助于改善人体的胰岛素动态活动。 分析囊括了各种镁剂量以及各种镁复合物。 通过在餐食中摄入更多的深绿色蔬菜、种子和坚果，我们可以提高自然镁的摄入量。 南瓜子、葵瓜子、杏仁和腰果都含有丰富的镁。

非饮食因素

除饮食因素外，还有其他生活方式因素能够影响我们的胰岛素抵抗，包括：

- 久坐不起、缺少运动
- 身体囤积了内脏脂肪
- 不规律的睡眠模式

久坐不起、缺少运动

一项关于年轻健康男性和女性的研究表明，如果我们久坐不起而且摄入的卡路里比身体所需量多会使胰岛素的活动功能降低 39%，但如果我们只是久坐不起而没有摄入过多卡路里的话，那胰岛素的活动功能也降低了 19%。也就是说，单单久坐不起就能导致身体的胰岛素抵抗增加 19%，就算我们的身体消耗了所有摄入的能量也不能弥补一动不动的危害。因此，不管我们摄入怎样的食物，以哪种方式摄入食物，体育锻炼都能降低我们患上胰岛素抵抗的风险。如果我们饮食不健康的同时还久坐不起，这两者就会发生协同作用，共同导致胰岛素抵抗的发生。越是懒惰、越是肥胖，我们就越能从运动中获得更多好处。

越是懒惰、越是肥胖，我们就越能从运动中获得更多好处。

即使是年轻的健康人群，与一天只坐6个小时相比，一天坐超过16个小时就能引起全身的胰岛素抵抗，久坐的危害只要一天就原形毕露！

饭后立即散步15至40分钟而不是安坐能够显著改善胰岛素的动态活动，而且散步的时间越长越好。在胰岛素抵抗的状态下，每隔半个小时散步5分钟或者每隔半个小时做3分钟的对抗运动，如蹲起和抬小腿能够改善葡萄糖和胰岛素的水平。

某项研究发现，相比起一整天坐着然后晚上到健身室健身30分钟，以中等步速每天散步几次对胰岛素的动态活动更有益。但最理想的做法是，白天散步几次然后每天腾出固定的时间进行运动训练。

对于体内出现胰岛素抵抗的人群，饭后运动一小会儿比饭前运动要好。饭前，在禁食状态下运动会损害饭后葡萄糖的控制功能，特别是那些高强度的运动。如果我们久坐不起而且出现胰岛素抵抗，那么低强度的运动（例如用35%的力气骑自行车60分钟）能够改善我们一天的胰岛素控制功能，这比高强度的运动（例如用70%的力气骑30分钟自行车）能起到的作用要大。

在一项研究中，研究对象为久坐但没有患胰岛素抵抗的男性。研究发现，用尽全力的剧烈运动，连续三个月，每个星期三次，每次10分钟能够改善胰岛素抵抗，而用70%力气的运动，连续三个月，每个星期三次，每次50分钟也能起到同样的作用。10分钟的那种运动包括三组 20 秒的剧烈冲刺，其间穿插两分钟的放松骑行，另外有两分钟是热身运动，3 分钟是运动后的休息时间。

• 每顿饭之后至少散步 15 分钟。

• 如果你的工作需要久坐，请每隔 30 分钟站起来在办公室到处走走。

• 做一些蹲起运动、俯卧撑、杰克跳、蹲推运动，或者就地慢跑，以这些动作代替走步，持续 3 分钟。

• 把安坐时间降到最低。尽量走着聊天或者打电话。尽量步行而不要使用公共交通工具。

• 在久坐的时间段不要摄入过多的卡路里，摄入量必须低于身体所需量。

• 即使在白天，我们也能挤出时间散步，但我们还是需要给自己安排专门的时间做运动。

内脏脂肪

内脏脂肪与胰岛素抵抗密不可分。如果我们身体囤积了内脏脂肪，我们就有患上胰岛素抵抗的风险，反之亦然。如想知道更多关于减少内脏脂肪的建议，请回顾第六章的相关内容。

不规律的睡眠模式

相比起晚上 10：30 至早上 7：00 的睡眠时间，如果我们凌晨 2：45 才睡觉，早上 7：00 起床，只需要两天，我们的胰岛素动态活动就会被打乱。

对于哺乳动物来说，胰岛素的灵敏性在其活动的时间表现得最出色；而对于人类来说，胰岛素的灵敏性在白天表现得最佳。正因为这样，我们才需要规范白天的饮食。

- 每天的睡眠时间不得少于七个小时，请尽量按照这个标准要求自己！
- 请限制自己的夜晚进食行为！

大脑的营养素

我们需要调整自己的饮食习惯和生活方式以最大限度地降低胰岛素抵抗的风险。如果我们做到了，我们只需要再增加一些营养措施就可以提高大脑的复原能力了。

酮

如果工作使我们精疲力竭，我们开始感到饥饿，我们的精神开始疲累。因为我们的血糖在下降，所以我们的认知能力开始出现下滑趋势。在一项实验中，研究人员要求志愿者服食胰岛素，结果他们的血糖下降得特别低。跟预想的一样，他们的认知能力变得非常糟糕。但有趣的是，当研究人员让他们进食一些中链饱和脂肪，即中链甘油三酯（MCT）之后，他们的认知能力没有出现暴跌的状况。

在通常情况下，我们的大脑只会利用葡萄糖作为“燃料”，但其实大脑还可以利用一种叫作酮的物质。当葡萄糖供应不足时，我们的身体就会将脂肪转化成酮类物质以供大脑作为动力。早期体外测试认为，中链甘油三酯是通过肝脏转化为酮类物质的，唯独十二烷酸（椰子油的主要脂肪形式）不是，它是通过大脑的星形胶质细胞转化的。因此，椰子油不会引起血液中酮类物质的大幅上升，但会使大脑中的酮类物质显著上升。就算我们患有葡萄糖代谢减退症，就算我们的葡萄糖不能正常进入某些大脑部位，酮类物质进入大脑的行为也不会受到影响。在一项研究中，研究对象为患有阿尔茨海默症的病人。研究人员要求志愿者连续21天每天摄入1.35盎司的椰子原油。实验结束后，志愿者的认知测试分数显著上升。 如果在老鼠摄入的餐食中，来源于酮类物质的卡路里占据总卡路里成分的30%，那么大脑的处理速度会提高38%，精神表现也有所提高。

以下这些方法都能间歇性地给大脑补充酮类物质：运动、充足睡眠以及从不摄入多于身体所需的卡路里。从理论上来说，在餐食中加入适量的椰子油也能给大脑提供酮类物质。虽然椰子油会影响胆固醇水平，但相关研究认为椰子原油并没有像假设所说的对心血管健康的危害那么大。

• 若想在餐食中加入椰子油，请确保你选择的是那些未经加工的椰子原油。先从每天一汤匙的量开始（请在医生的建议下进行）。不妨尝试用椰子原油代替原来的烹饪油，这样我们就可以轻松将椰子原油融入餐食中了。

鱼油

二十二碳六烯酸（DHA）和二十碳五烯酸（EPA）来源于肥鱼，它们被统称为 Ω-3 鱼油。

在一项安慰剂对照、双盲、随机、对照的试验中，研究对象为六十八名年轻健康的医学院学生。研究人员要求志愿者连续十二个星期每天摄入 2.5 克或 0.088 盎司鱼油（相当于 2085 毫克 EPA 和 348 克 DHA）。试验结束后，志愿者的焦虑症状降低了 20%。另一研究以十二名年轻健康的成年人为研究对象。研究人员要求志愿者连续六个月每天摄入 750 毫克 DHA 和 930 克 EPA。研究结束后，这些志愿者的工作记忆能力有所提高。还有一项研究是以澳洲大学的教职工为研究对象的。研究发现，教职工连续六个星期每天摄入 1.5 克 DHA 和 360 克 EPA 之后，他们的心理压力有所减少。

吃鱼而不是摄入鱼油补充剂是获取鱼油的最佳方式。如果必须选择鱼油补充剂，我建议你选择那些冷提取而且包含所有鱼油成分的食品，这些食品含有 Ω-3 的同时也包含其他 Ω-3 脂肪涉及的成分，这样可以最大限度地减少氧化风险。将鱼油补充剂与其他含有脂肪的食物一起进食可以使鱼油添加剂吸收得最好。

关于高密度脂蛋白胆固醇的问题

血液中的胆固醇可通过很多方式“打包”，从胆固醇的“打包模式”我们就可以推测自己的整体健康水平以及疾病风险。这些“包装”包括 LDL-c、LDL-P、CLDL-c、non-LDL-c、HDL-c 以及 HDL-p。我们常常将血液胆固醇水平与心脏病风险联系起来。但血液中胆固醇的其中一个现象，高密度脂蛋白胆固醇（或 HDL-c）与压力复原能力有一定的关系。

有证据表明，抑郁的时候，高密度脂蛋白胆固醇的水平也会相对较低。而当我们成功对抗抑郁时，我们血液中的胆固醇水平也会有所上升。在一项研究中，研究人员要求十二名年轻健康的志愿者连续一个月进食高脂肪含量的餐食。然后一半的志愿者改变餐食，转而进食低脂肪含量的食物。进食低脂肪含量餐食的志愿者比原来更加紧张焦虑。血液测试表明，他们的高密度脂蛋白（HDL）水平有所下降。而进食高脂肪含量食物的志愿者，他们比以前感觉更轻松愉快，他们的高密度脂蛋白水平也有所上升。

膳食纤维会引起更高水平的高密度脂蛋白胆固醇，特别是处于胰岛素抵抗的状态下。取消餐食中的所有精制碳水化合物，以“地中海式”的饮食代替“典型的美式饮食”，即用橄榄油和牛油果脂肪代替黄油和动物脂肪可以提高高密度脂蛋白胆固醇的水平。西班牙的一项研究表明，摄入椰子原油能够提升高密度脂蛋白胆固醇的水平，如果餐食本身是健康的，它就不会有传闻中的消极作用。存在于椰子油中的主要脂肪十二烷酸能够提高高密度脂蛋白胆固醇和低密度脂蛋白胆固醇，而且十二烷酸对高密度脂蛋白胆固醇的作用更大。

- 摄入更多膳食纤维。
- 以椰子原油替代黄油。

不要一味追求高水平的高密度脂蛋白胆固醇，只要它处于健康症状的范围就可以，因为过高水平的高密度脂蛋白胆固醇会带来危害。改变餐食前请咨询医生的意见。

维生素

维生素B

连续三个月服食B族维生素就可以显著降低工作上的压力。维生素B可以对抗抑郁和精神疲乏，它还可以改善心情和认知表现。市面上的维生素补充剂通常以组合的形式出现，它们通常被称为维生素B复合物。选择的时候请确保它含有B_{12}在摄入B族维生素的同时摄入足够的Ω-3鱼油，效果会更佳，因为它们是一对密不可分的组合。

维生素D

维生素D牵涉大脑健康的诸多方面，维生素D可以改善记忆力。在一项小型实验中，研究人员通过改变志愿者的生活方式逆转记忆遗失。这个实验中的志愿者是一小组患有轻微认知损伤的人群。在诸多措施中，研究人员建议某些志愿者每天摄入2000个国际单元的维生素D。

血液中维生素D的增加能起到以下效果：

- 降低抑郁症状
- 能够忍受精神压力
- 改善认知能力

晒太阳能够获取维生素D。防晒指数为15的防晒霜会减少约95%的皮肤生成维生素D的能力。因此，如果你晒太阳是为了获取维生素D，那么请不要涂抹任何防晒产品或者护肤霜。为避免晒伤，我们需要根据自己所住的位置选择在早上或者晚上晒一小段时间。通过正式的方法测试自己的维生素D水平是明智之举。（以血清25羟基维生素的形式测试）。我们最好将自己的维生素D水平控制在正常范围内的中间至中上水平。

如果我们不能通过晒太阳补充自己的维生素D，那么我们就需要依赖食物获取维生素D了。乳制品和鱼类含有维生素D，但是不同乳制品和鱼类的维生素含量不同。挪威北部人们冬季月份进食的菜式“mølje”是含维生素D最丰富的食物之一。Mølje包含鳕鱼肝和鳕鱼籽。比起南部，挪威北部的人们多发性硬化的患病率相对较低，业界认为这是进食mølje的功效。

维生素D是脂溶性维生素，因此，餐食在含有维生素D的同时，最好也包含脂肪。

• 检查自己的维生素 D 水平，将其维持在正常范围内的中间至中上水平。

• 如果维生素 D 没有达到以上标准，请在安全的范围内多晒太阳。

• 如果你接触太阳的机会较少，但血液测试表明你的维生素 D 水平较低，那么请考虑每天摄入 1000 至 2000 个国际单元的维生素 D 补充剂（请先咨询医生的意见）。

第八章

通过奖赏机制来调整压力

奖赏的力量

如果有狮子追你，为了保住性命，你一定会动力十足，不顾一切地向前跑。如果你耸耸肩对自己说无所谓，你决定放弃奋力逃脱，那么你只能落得悲惨的结局。急性压力反应能够立即提升我们的动机，于是我们不会向状况投降，我们不会放弃战斗的机会。动机以奖赏为诱饵，如果诱饵足够吸引，我们就会采取行动。在狮子的例子中，我们能够获得的奖赏是摆脱死亡的魔爪。为了获得奖赏，我们采取了逃跑的行动。如果我们成功逃跑，我们就能为以后吸取经验，我们会认识到，就算面对凶猛的狮子，只要我们奋力奔跑（行动），我们也能成功逃脱而不被吞没（奖赏）。这会消除我们的疑惑，增加我们的动力，让我们下次遇到狮子时能更加坚定信心，奋然挣脱。急性压力与慢性压力相反，急性压力能提升动力，而慢性压力只会扭曲动力。

大脑中有一个被称为奖赏回路的系统，它的功能就是鼓励我们采取行动。关于奖赏与动机的工作机制，业界存在许多说法。有一个流派认为吸引奖赏的动机包括三大因素：愿望、喜欢和学习。

- 愿望：当我们期待快乐时，我们的奖赏回路就会燃烧起来，它会刺激我们采取行动。

• 喜欢：当某一物品、某一个人、某一情况使你感到身心愉悦，你的大脑回路就会燃烧起来。

• 学习：从经验中，我们学习到行动会带来快乐。为获取快乐，我们以后还会采取同样的行动。

为了使老鼠感到压抑，科学家会将它们暴露在两种形式的压力之下。这些压力与人类每天都要面对的社交压力类似，我们也会因它们而产生抑郁症状。这两种“型号”的压力都会引发快感缺失。之所以会发生快感缺失，是因为我们不再因为平时的兴趣而感到快乐，我们不再对产生快乐的事情感兴趣，我们不再沉浸于其中。急性压力能增加我们的动力，而慢性压力会令我们快感缺失。

习得性无助

习得性无助是一种习得过程，如果任何行动都不能改变现状，任何方法都不能摆脱困境，人或者动物就会自暴自弃，再也不寻找改变的方法。如果让老鼠接受一连串轻微电击，一开始，它们会积极寻找逃跑的方法。多次尝试无果后，它们会变得抑郁，开始放弃。如果这个时候我们给老鼠提供一个可行的逃跑线路并电击它们的脚，他们也不会采取任何行动。他们对痛楚已经彻底麻木，没有缓解痛楚的动力了。这种状态也叫作快感缺失。

快感缺失

将一只弱小的老鼠与一只具有侵犯性的老鼠关在同一个笼子里，只要连续两个星期，每天10分钟就能使弱小的老鼠变得抑郁。老鼠的10分钟时间至少相当于人类一个工作日的时间。老鼠开始对社交感到抗拒，它开始呈现快感缺失。

快感缺失的产生是因为奖赏回路出现了“瑕疵”。慢性压力引起的诸多“路径”，包括炎症、失调的生物钟以及过多的压力荷尔蒙都可能影响奖赏回路。前额皮质网络会与奖赏回路网络对话，而对话的产生依赖于大脑其他多个部位网络的协助。这些部位包括情感处理的相关部位，因为它们可以帮助我们计划行为以达成大脑中的目标。由于慢性压力会改变我们的大脑，因此它会阻碍这一复杂的对话。

健康正常的大脑状态通常会在三种模式下运作：平静状态模式、积极状态模式（如快乐）以及消极状态模式（如伤心）。平静状态是中性的，但它随时都可能受消极事件和积极事件的影响。我们不可能总是处于单纯快乐的状态，我们的生活会给快乐添加“胡椒”，就像它也会给悲伤调味一样。涉及幸福快乐的积极模式是由奖赏回路引发的。奖赏回路以快乐作为报酬引诱我们采取相应的行动，帮助我们实现真正的快乐。

当我们遭遇抑郁症状时，当我们经历快感缺失时（就像上述的老鼠），我们的脑袋就更加偏向于消极状态模式，而甚少以积极状态模式运作。业界认为，抑郁和快感缺失状态下的大脑之所以难以以积极状态模式运作，是因为奖赏系统的正常功能出现了障碍。我们可以通过一些方法，如情绪控制来达到控制消极状态模式的效果。然而，扭转大脑的消极状态并不一定就能使大脑处于积极状态模式。只有采用其他有效的办法才能重新点燃大脑中的积极情绪，才能使我们摆脱慢性压力状态。

克服快感缺失是一项非常具有挑战性的任务。由于快感缺失缘自奖赏回路的故障，因此现行的许多治疗办法都采取刺激奖赏回路的方式。有一个方法叫作“积极影响治疗”，它是由洛杉矶的加利福尼亚大学以及达拉斯的南卫理公会大学的两个研究小组提出的。这一方法包括三个步骤，即愿望培训、喜欢培训和学习培训。简要地说，第一模块是“安排快乐事件”，即鼓励客户计划能够为自己带来快乐的事情。这一计划过程使客户渴望或期待那些快乐事情的发生，而这一期待能够刺激奖赏回路。有证据表明，积极的情绪能够被强化。治疗师在治疗的过程中培养客户品味快乐的能力，让客户沉浸在计划事件能够带来的欢乐之中。第二模块涉及认知培训。这包括培训客户从日常生活的方方面面寻找和欣赏微小的快乐，教会他们认识能够引发快乐的行为（学习）。第三模块专注于喜欢，学会给予和感恩是这一过程的目标。

目前还没有相关的研究表明这一方法是否对慢性压力同样有

效。但有证据表明，在日常生活中积极培养奖赏和快乐能够保护我们免受慢性压力的侵害及因此带来的对奖赏回路的破坏性影响。当我们变得极度疲惫、极度缺乏时间时，我们就会开始放弃那些自己认为可有可无的事情。通常，我们首先放弃的是那些不重要的事情，例如那些我们纯粹为了快乐而做的事情。当我们深陷日常的磨难之中，当我们不得不面对压力巨大的生活时，我们开始退却，消极情绪开始侵蚀我们的动力。当我们不再做那些能够给自己带来快乐的事情时，当我们生活在慢性压力之下时，当我们的情感大脑复杂多变时，我们就会沉浸在消极之中，我们的生活就会陷入阴郁的旋涡之中。

我们必须像对待工作或者洗澡一样对待快乐，我们每天都必须为快乐安排一点时间。千万不要把快乐晾在一边，不要总牺牲快乐，不要总认为它不如其他事情重要。

> 千万不要把快乐晾在一边，不要总牺牲快乐，不要总认为它不如其他事情重要。

报酬的魔力

一天，音乐剧作曲人罗伯特·谢尔曼回家后发现儿子刚注射了脊髓灰质炎疫苗。当询问儿子痛不痛时，儿子回答道：一点也不。他告诉罗伯特·谢尔曼医生把“药”放在一勺糖上面。这就是“一勺糖”这首欢乐歌曲诞生的原因了。这首歌由罗伯特·谢尔曼填词，其哥哥作曲。对于老鼠来说，如果在他们经历压力山大的严酷考验之后给予他们“一勺糖”作为努力的回报，它就可以逆转由此产生的消极影响。在一项研究中，研究人员强迫一半的快乐老鼠连续四个星期面对社交挫败压力。四个星期之后，研究人员教导所有老鼠面对空间任务的能力。它们需要面对一项新的挑战，这时研究人员测试它们寻找路径的能力。有趣的是，经受压力的老鼠缺乏动力，它们的求生技能比没有经受压力的老鼠弱得多。在教导空间任务时，研究人员给部分经受压力的老鼠喂食了一颗糖作为报酬。事实证明，这一奖赏令它们的行为正常化，因此，它们的行为与那些没有经受压力的老鼠相当。

这一实验充分展示了感受快乐的重要性，感受快乐能够带给我们压力的复原力。

奖赏经历

在一项研究中，研究对象是大约五百名女性双胞胎（排除基因的影响）。研究表明，在日常生活中积极寻找快乐，抓住每一个机会感受快乐能够使我们拥有从压力中恢复过来的能力。我们有一个“快乐猪仔钱罐”。每一天我们需要往里面注入尽可能多的快乐硬币。我们收集的快乐总量就叫作奖赏经历。不管我们的生活多么压力山大，奖赏经历都能赋予我们压力的复原力。

基于这些观察，我们必须积极尝试给生活注入快乐，我们必须在生活中寻找细微的快乐。以下是一些能够给我们带来快乐的方法：

- 形成“快乐习惯”
- 采取“结束原理”
- 处处留意快乐
- 欢笑
- 听音乐
- 常感恩

如何利用奖赏机制

形成“快乐习惯”

如果我们总削减快乐的时间，就不会再花心思做那些单纯为了快乐的事情，我们的“奖赏经历”就会出现问题。如果我们想要保护自己的大脑，就必须重新给生活注入那些能引发快乐的习惯。新的习惯不能引起漠然和懒惰。

有一种用于治疗抑郁的形式叫作“参与”。在这一方法的指导下，治疗师帮助客户选择奖赏活动，帮助他们认识执行这些活动的步骤，使其形成行动计划，这些计划包含清晰的步骤以及处理意外事件的方案。治疗师针对客户逃避快乐（活动）的特征进行治疗。他们帮助患者创造新的线索、形成新的习惯，消除旧的线索、摒弃旧的习惯，并给予适当的提醒，这些都是为了让患者远离对生活的漠然。

我们可以采取以下方式实现参与原则。挑选三样能让自己快乐起来的事情。根据自己的日程安排将这三件事融入到周计划当中。例如，其中一件事情是参加拳击训练，那我们就把它安排到明天吧。

制作行动计划列表

不要觉得这纯粹是在浪费时间，请务必制作行动计划列表，这能够帮助你检查自己是否完成任务。例如：

1. 预约。

2. 拿出拳击手套。

3. 叠好拳击衣服。

创造新的线索

新的线索可以帮助新习惯的形成。例如：

1. 把拳击手套挂在电视机旁边，这样它们就能时时刻刻地提醒自己需要参加拳击课。

2. 在智能手机里输入提醒事项，这样到时间它们就会响铃提醒我们。

3. 把拳击衣服放在沙发上，每次想坐的时候，你必须把它们拿起来。

消除旧的线索

旧的线索会引诱你不断重复旧的习惯。

你是否一回到家就懒洋洋地坐在电视机前面，整晚都一动不动？如果是的话，你不妨在沙发上放一些障碍物，这样你就不能往上面坐了。通过消除旧的线索，即消除坐在沙发上的机会，你就可以纠正自己的陋习。

如果第二天你不断给自己寻找不参加拳击课程的理由，把这些理由都写下来吧，写在“消极思想日志”上，在每个消极理由后面加上两个相应的反驳理由。只要把这一习惯坚持几个星期，你就会形成参加拳击课程的习惯。

- 纯粹为了快乐的话，你最希望做的三件事情是什么？
- 把它们安排在自己的日程中，记得将它们当作重要事情处理。
- 记录行动清单。
- 建立新的线索。
- 消除旧的线索。

前面谈论了“积极影响治疗”，我们可以利用这一方法中第一部分模块的智慧，即从事件中寻求快乐，并“努力”使自己沉浸于这种快乐之中，尽可能“说服”自己感受并增强这种积极的情绪。

利用结束原理

完成能够刺激我们的奖赏回路。我们就好像被程式化了一样，总是想尽快解决不稳定的或未完成的事情。一旦事情得到解决，我们就会感到快乐。

工作时的应用

在工作中我们可以利用结束原理，在刺激奖赏回路的同时增加自己的工作动力。如果一项任务异常艰巨，感觉根本不可能完成的时候，那么完成所能带来的潜在欢乐并不能刺激我们的动力。同理，在从事任务的过程中，不管奖赏的感觉多明显，它对于我们完成任务也是杯水车薪。此时，我们能够做的就是以不断接近的快乐来刺激自己的动力，只有这样，我们才觉得目标是可以触及的。我们可以将任务分割成诸多细小的部分来达到这种效果。每完成一个小任务，我们的奖赏回路就会开始燃烧，我们的动力就会不断攀升。在《解决问题》一书中，效率专家大卫·艾伦建议我们将第一个任务的完成时间设置在两分钟之内，因为我们不会拖延只持续两分钟的任务。如此一来，我们就可以轻易感受到第一个快乐。动力就像一股强大的能量，动力的增加能够鼓励我们不断向目标进发。想要完成任务的决心能够让我们离目标越来越近。完成原则的另一应用就是拒绝在一项任务结束后停下来，这样可以保持我们的动力。如果我们非常渴望休息，那么请在任务刚开始的时候停下来。未实现的任务能够引起我们的不安，在我们的意识里，它就会成为一项紧急任务，于是回到电脑后我们就能马上投入到任务中。

• 把每一项任务或者活动分割成细小的部分，这样每完成一个细小任务我们都能感受到奖赏。

选择能够刺激奖赏回路的消遣

惊险小说、足球比赛、侦探小说以及肥皂剧通常充满跌宕起伏的情节，它们或曲折离奇，或惊喜连连，或出人意料，因此我们总是希望尽快看完。激情迁移理论认为快乐的强度取决于快乐之前所经受的不安程度。复杂的音乐能够刺激奖赏回路，这与激情迁移理论的道理相似。激流回旋的音乐既出其不意又惊喜万分，因此音乐结束后满足感总是油然而生。

• 我们可以定期沉醉于惊险小说或者跌宕起伏的侦探小说中。

• 球类比赛也是一个不错的选择哦！

处处留心快乐

我们需要留心身边的人和事，拒绝漠然，拒绝“自动驾驶模式”。留心的人更容易发现快乐。这一道理同样适用于内心世界。如果我们留心自己的内心状态，我们就会享受到不曾发现的快乐。例如，面对电脑屏幕工作的时候喝一杯咖啡，我们就可以感受到咖啡的美妙味道，这是独立于我们的注意力之外的。如果我们腾出5分钟的时间静静观察咖啡，慢慢品味咖啡的味道和气味，我们就能享受5分钟的快乐。

• 跳出“自动驾驶模式”。

• 请不要在喝茶或者咖啡的时候工作，专注品尝当中的味道和快乐。

欢　笑

笑容能够给我们带来快乐。有证据表明，大声、无拘无束地欢笑一个小时能够起到治疗的效果，能够改善我们的焦虑症状，缓解我们的压力和抑郁情绪。定期欢笑是快乐的源泉。每晚我都会看至少半个小时的喜剧，“强迫”自己肆意地笑。在一项日本研究中，研究对象为两千名六十五岁以上的长者。研究观察这些志愿者的欢笑习惯。研究发现，欢笑的频率与心脏疾病和中风有密切关系。甚少笑容的长者患心脏疾病的概率是每天欢笑人群的1.21倍，而患中风的概率更高，是每天欢笑长者的1.60倍。

• 时常露出笑容吧！善于发现欢笑的时机！

音　乐

我们可以让音乐填满生活，让音乐带来快乐。愉快的音乐能刺激我们的奖赏中心。

特殊节拍的音乐

我们会根据观察到的情况做出推测，一旦推测成为现实，奖赏回路就会欢快起来。听歌时我们很快就能掌握其固有的旋律。我们会根据旋律推测节拍。要是猜测正确，我们就会感到奖赏来临。但是如果一切变得毫无悬念，我们就会失去兴趣。因此，像钟表一样的节律不能持续带来报酬的感觉，我们需要一点刺激。音乐中通常存在打乱固有节拍的切分音，它们或是替代的节拍，或是消失的节拍，这样音乐就能吸引听者的注意力。太多切分音会打破固有的韵律。因此，歌曲需要有适当数量的切分音，这样听歌人才会不断重拾兴趣，不断形成新的推测。由于音乐节拍的灵活变化，测试自己的推断可以不断获得奖赏，这样听歌者就能持续享受听歌的乐趣，而不至于逐渐消磨殆尽。

如果我们需要经历冗长乏味或世俗烦琐的事情，我们不妨尝试听听音乐，因为猜测音乐的节拍能够保持我们的动力，切分音能够吸引我们的兴趣。听音乐甚至可以带给我们控制的感觉，正如所见，这种感觉能够缓解我们的压力。鼓点曲、印度手鼓曲、爵士或者摇滚乐曲都能起到相同的效果。

• 在工作的时候，我们不妨听听带有切分音的鼓点，这样可以让我们保持动力满满的状态。日本太鼓、非洲鼓如金贝鼓以及印度手鼓都是不错的选择。爵士和摇滚乐也是不错的选择。

敲击旋律

在印度喀拉拉邦阿勒皮有一群艺术家，他们在造船的同时会创造音乐。工人在船上不同位置工作，同步的敲击声或者钻孔声构成了一曲美妙的乐曲。每一次的敲击都会创造出一个独特的音符，每一个工具都是这支管弦乐队的重要部分。每当从事新的任务时，乐手都将自己的节奏同步到原来歌曲的节拍中。每一项新任务的开始都意味着切分音的出现。这种环境和操作给每一位工人带来了足够的快乐，使他们免于压力的侵扰。

埃尔维斯效应

众所周知，早年的埃尔维斯·普雷斯利（Elvis Presley）因为不能抗拒跟随自己的音乐旋转而遭到逮捕的恐吓。对于其青少年听众来说，这影响是极不好的。到了 1956 年，这种情况变得越发严重，在佛罗里达州杰克逊维尔的系列演唱会之前，就已经发出了逮捕证。正当埃尔维斯表演的时候，警察把音乐舞台团团围住， 周围布满监控，拍摄下他的一举一动。埃尔维斯后来说虽然自己十分渴望参加演唱会，但是他只能动动手指以求安慰。

根据节拍摆动手指可以给他带来欢乐。在那个时候，他根本不知道这是为什么，但这恰恰证明了所谓的“感觉运动耦合”，或者说那种必须进入“欢快状态”的愿望。所以说，与音韵同步的动作可以给我们带来欢乐。

所有人体关节的生物力学都会引导我们以身体最为舒适的频率进行移动。最舒服的走路频率最好达到 120bpm 或者 2 赫兹，这就是所谓的最佳步速。在一系列西方音乐中，这一频率也被视作是最易感知的速度。臀部关节和肩部关节也喜欢以这样的频率摆动。而手肘、膝盖和手指喜欢更快的速度。如果我们聆听的歌曲速度只有理想韵律的 3% 至 15% 左右，那么我们就需要调整动作以适应该韵律。越渴望跟随音乐节奏，跟随节奏带给我们的快乐就越强烈。

> 越渴望跟随音乐节奏，跟随节奏带给我们的快乐就越强烈。

在 1998 年的 2000 米短跑比赛中，黑·格布雷希拉西耶（Haile Gebrselassie）以 4 分钟 52.65 秒的速度创造了当时的世界纪录。埃尔维斯效应可能在当中发挥了不可或缺的作用。格布雷希拉西耶事后说他利用了歌曲“超级猫男”的韵律。在他跑步的时候，英国伯明翰体育馆正播放着这首歌。

如果没有散步或者跑步的动力，那么不妨尝试聆听节拍分明的音乐。听着音乐跑步不仅能让我们感觉舒适，还能降低跑步所消耗的体力，虽然这只是感觉而已。在进行中低强度的运动时，聆听音乐比不聆听音乐至少能够减轻我们10%的疲惫感。如果音乐能够减轻我们15%的疲惫感，我们的运动时间就能有所增加。研究表明，根据音乐的韵律运动对于我们大有裨益，它甚至可以减少运动消耗的氧气。一专家座谈小组声称，对于年轻健康的人群来说，最能激发同步运动的音乐频率为125至140bpm。

如果不知道125至140bpm是怎样的频率，我们不妨听一听Infernal乐队的著名歌曲《从巴黎到柏林》（*From Paris to Berlin*）。在收音机听到的《从巴黎到柏林》，其速度是126bpm，而在酒吧听到的速度是138bpm。类似的歌曲也可能处于这一频率范围，这就是与人体运动产生共振的频率。

- 抓住每一个能够跟随音乐散步、慢跑、快跑的机会。在健身室锻炼的时候我们不妨对着镜子，注视着自己的动作，请注意运动必须与音乐同步。

- 在缺乏跑步动力的时候，我们不妨选择聆听一曲音乐，它必须拥有鼓舞人心的歌词以及125至140bpm的频率。

时间的流逝

快歌、振奋人心的音乐让我们感觉时间过得很慢。以下的理论可以解释这一现象。我们体内有一个计时的生物钟。快歌会使生物钟“走得更快”，在这种情况下，它总是高估了度过的时间。有时候我们觉得自己等候了一个小时，而实际上我们只等待了 15 分钟。相反，慢歌会让我们低估时间。这时候，一个小时的时间就像是 15 分钟一样。因此，如果要让时间过得快些，请聆听那些轻松且缓慢的歌曲吧!

感　恩

欣赏某物能够强迫我们以积极的角度看待它。当我们寻找感恩的理由的时候，我们的注意力就会从消极的感觉转变成积极的感受，于是我们开始感到快乐。无论是人还是事情，我们都可以尝试发现当中的美好。每晚花费 15 分钟欣赏美好能够创造的欢乐时刻。日常生活中充满了各种值得回味、值得感恩的事情。它可以是一些简单的事情，例如当我们沿着大厅飞奔而来的时候，那些为我们扶着电梯门的可爱举动，或者是办公楼里的保安赞美你的行为等等。与别人交流时，遇到状况时，我们应该关注积极的情感，并努力使自己沉醉于其中。每晚腾出 15 分钟回顾当天发生的美好事情能够能治疗精神分裂症患者的快感缺乏症状。

• 每晚花费 15 分钟描述当天发生的一件积极的事情，并使自己沉浸于当中的美好。

快乐与痛苦

在这一章中，我不断尝试让大家相信快乐的重要性，但请记住凡事过犹不及。

当生活中的压力将我们压得喘不过气来的时候，部分人就会疯狂地寻找快感。我们麻醉自己，使自己相信这些快感能够帮助我们度过压抑的日子。快感能够让我们快速地从灰色的世界进入到五光十色的世界，快感能够提醒我们快乐的感觉并使我们着迷。于是，我们极度渴望再次投入到快感之中，每次都告诉自己是最好一次，可是每次都经受不住诱惑。

如果慢性压力真的能够改变大脑，使我们难以感受到快乐，那么我们的快乐就必须依赖于新奇、刺激并具有强大吸引力的事物，只有它们才能让我们从阴郁的旋涡中走出来。这就是为什么人类会滥用药物和酒精的原因。娱乐性药物（例如可卡因和安非他命）以及酒精能够极大地刺激奖赏回路。这一强大的“功效”让服食者欲罢不能。问题是，药物能够导致奖赏回路的神经和信号发生改变，于是我们需要更多的药物维持同样的感觉。最终在没有服食药物的状态下，我们会比服食药物之前更加不快。到了这个时候，服食药物只能让我们回到“正常”的状态。一开始服食这些药物是为了寻求快感，现在只有依赖于这些药物我们才不会难过。沉溺神经元回路是相当复杂的结构，它包含诸多网络和信使。部分网络和信使同时是压力回路的一部分，因此沉溺会恶化慢性压力的影响。

- 理智选择快乐源，否则寻求快乐最终只会演变成逃避痛苦。

第九章

通过默认模式网络来控制压力

什么是默认模式网络

大约二十年前，大脑科学界发现了一个有趣的悖论。一般人都会觉得悬空双脚，停止一切思考和动作会比数学家尝试解决一个不成立的等式简单。但华盛顿医学院神经病学教授戈登·舒尔曼（Gordon Shulman）却发现事实并非如此。他发现当人类放松时，大脑不但没有变得格外平静，大脑的某一网络反而变得更加活跃。他们的团队在2001年发表了一篇具有里程碑意义的文章。在文章中，他们将这一网络（当大脑停止活动时，这一网络变得活跃起来；相反，当大脑忙碌时，它却开始沉睡）的特定活动称为大脑的“默认模式”。现在我们将这一网络称为默认模式网络或者DMN。

大脑扫描显示，当我们思考与自己有关联的事情时，默认模式网络就会点亮。接着，默认模式网络会沿着大脑中线扩散。这一网络与位于海马体的区域共同协作，创造出自传体陈述。它们利用大脑记忆、现时经历和感官感觉编织故事，在故事中，你就是主角。自传体记忆能够形成自我概念，而默认模式网络则类似于西格蒙德·弗洛伊德（Sigmund Freud）所指的自我意识。经历能够影响我们的个人形象以及信念，而我们关于自我的核心信念和长期观念则由自传体记忆以及默认模式网络形成。自传体记忆是自我意识的源泉。

默认模式网络的思想会引导大脑的思考方向。只要处于开始状态，默认模式网络就总是在计划、想象和预测当中。默认模式网络能够参与到预测和回顾的过程，它能够利用过去来预测未来。每当遇到不确定的情况时，默认模式网络就会演示一系列的模拟行为，于是我们能够为每一种可能性做好准备。而当外界需要我们投入精力的时候，我们的默认模式网络就会关闭。当我们再次感到无聊，大脑处于漫游状态时，默认模式网络又会重新开启。如果我们擅长于调节自己的情绪，能很快地赶走消极情感，能定时感受快乐，那么自传体记忆就会充满快乐的故事。否则，自传体记忆就会发挥消极的作用。一旦自传体发挥消极作用而我们的大脑又习惯性地漫游的话，就更容易沉浸在消极思想当中。大脑处于漫游状态时，我们就会做出消极的预测，这无疑会增加压力负担。

如何利用默认网络模式

默认模式网络能够影响三大方面，因此我们可以通过控制这些方面来降低自己的压力负担，这些方面包括：

• 核心信念

• 长期目标

• 自我意识

核心信念

在自传体记忆中，默认模式网络形成我们的核心信念、喜好和厌恶，它们或与我们的生活相同，或与我们的生活相异，但无论如何，它们都影响着我们的生活。部分精神理论专家例如西格蒙德·弗洛伊德和荣格（Carl Jung）认为：当我们为了期待的生活而压抑自己内心深处的愿望和信念时，抑郁症状和其他精神疾病就会浮出水面。

如果我们的生活或者工作与自己的核心信念矛盾时，我们就会感到难过，压力就会随之而增加。在TED演讲中，著名的领导力专家西蒙·斯涅克（Simon Sinek）跟我们分析了公司核心信念与公司发展的关系。他指出，一开始，机构的核心信念与其员工的核心信念一致，因此该机构能够繁荣兴旺。但当机构变得过于强大时，这些信念就会变得杂乱，这时员工开始感到压力山大和难过，斯涅克称这一节点为“分裂”。

认知失调

当我们遇到全新且经验证的信息时，当它们与我们所持的核心信念或思想矛盾时，当我们因此而被迫同时保留两种或者更多的矛盾思想时，我们就可能会经历认知失调。当我们的所想、所说和所做不一致时，我们就会产生认知失调，而认知失调会增加我们的压力负担。

> 当我们的思想、言语和行为能够完全吻合时，我们就会感到幸福。
>
> ——M.K. 甘地

例如，我们觉得自己应该在家陪伴孩子，但又觉得把这部分时间放在工作上能够促进自己的事业成功。于是，工作时我们认为自己应该陪陪孩子；陪伴孩子时我们又认为自己应该考虑工作的事情。当供职于一家道德感不强的公司时，我们的诚信和信念就会受到挑战。当我们必须以不诚信的手段制造利润时，我们的内心矛盾开始发出低沉的声音。此时，我们的思想与行为和公众言语不一致。以下是一些缓和认知失调的方法。

- 我们可以通过另一个想法来合并两个或者更多的矛盾思想。
- 我们可以改变自己的核心信念，使它们与自己的生活一致。
- 我们可以改变自己的生活，使其与自己的信念一致。

被强迫同时持有两种互相矛盾的思想时，我们需要找到第三种思想来调和它们。热爱和平的人类在战争中必须杀戮，这时他们必然会遭遇认知失调。他们将人类和平视为终极目标，但是这个目标必须通过杀戮实现，这就产生了两种互斥的思想。许多妈妈会遭遇认知失调，因为她们普遍存在去工作还是在家陪伴孩子这样的矛盾思想。她们会通过一个更崇高的思想来统一这些互斥的思想，以降低自己的认知失调。如“我们的工作是为了改善女性在世界上的地位，是为了实现男女平等，我们工作是为了下一代的利益”。当遇到相互矛盾的思想时，我们可以将注意力从自身考虑转移到其他人身上，特别是转移到服务他人身上，如果我们的思想是为了人类福祉，我们所承受的压力负担就会有所减少。

如果我们的生活与核心信念相矛盾而我们又不能改变生活的时候，可以尝试改变核心信念。“酸葡萄”现象就是这个道理。如果不能改变自己的核心信念，就必须改变生活，我们可以采取一些调节行为使自己的生活与信念一致。例如我们做了某些自己认为错误的事情，不敢让别人知道，那么偷偷地自我倾诉可以暂时让言语和行为与思想同步。这就是为什么写日记可以让我们远离精神抑郁的原因。将大脑的思想表达出来可以缓解认知失调，因为这时我们的语言和行为正好与我们的思想相呼应。有时候吵架能起到宣泄的作用，它可以帮助我们发泄压抑于内心的仇恨。吵架之后我们会舒服很多，因为压抑于心底的感受会引起认知失调，而吵架能够把我们从认知失调中解救出来。

用音乐来缓解认知失调

人们认为莫扎特的曲子可以缓解认知失调。音乐充满矛盾，但作曲家会引导我们找到解决的办法，于是我们学会了如何调停认知失调。我们不妨尝试每天晚上腾出半个小时聆听莫扎特的曲子（或者类似的经典音乐），或者有机会就收听，因为这样可以降低我们的认知失调负担。聆听的时候一定要紧跟曲子，就好像在观看现场表演一样，一定要沉醉其中。音乐的大调是那么的令人欢畅，音乐的小调却有那么一点悲伤。

- 留心认知失调的影子，并尽快瓦解它！
- 每天腾出一点时间聆听莫扎特的曲子。

长期目标

优秀的作家在写作之前就知道故事的主线，如此一来，他们就知道主角的主要经历和结局。因此，作家总能赋予主角某种意义。这就好像我们的大脑一样。大脑在制造自传体记忆的同时，也在开展自传体计划，它总是先于自传体记忆的形成。

> 有明确目标的人能够承受生活中的一切难题。
>
> ——弗里德里希•尼采（Friedrich Nietzsche）

我们的生活总是存在着两个不同的维度。一方面，我们总是努力追求眼前的利益，实现近期的目标。另一方面，我们会站在更高的位置操控人生。这一维度包括我们的总体人生观、长远眼光和长期目标。长期目标的实现需要依赖许多细小的步骤，而每一个细小的步骤就是所谓的短期目标。因此，追寻短期目标的过程实际上也是实现长期目标漫漫旅途的一小站。

有证据表明，如果长期目标行之有效，我们就能轻易解决短期目标的困难和挫折。例如，虽然我们在接下来的三个月需要面对一个难以相处的同事，但如果告诉自己面对该同事能够获得实现未来目标所必需的培训，我们就能安抚自己的抑郁情绪。如果每天需要面对该同事而又得不到任何好处，我们就会郁郁寡欢。

为了总体身体健康，我们必须拥有与健康相关的意识，例如降低炎症因子 IL-6 的水平，降低患上阿尔茨海默症、心脏病以及中风的风险。不管是男士还是女士，能挺过异常艰难时期的人群都是那些拥有长期眼光和目标的人，他们总是以长期目标克服短期的抑郁症状。维克多·弗兰克尔（Viktor Frankl）是一位杰出的精神病专家和神经学家，他同时也是大屠杀的幸存者，他也曾经表达过类似的思想。他写道："集中营的生活经历告诉我，在面对客观条件时，人类仍然可以拥有选择权。他们或选择沦为时代的玩物，或奋起挣扎，为有意义的目标而生活……"

越南战争的战犯詹姆斯·斯托克代尔（James Stockdale）同

样强调将短期维度与长期维度分开的重要性。在一次面谈中，当被问及哪些人不能幸存的时候，他心痛地回答道："噢，很明显是那些'过于乐观的人'。他们说，'我们能够出去过圣诞节的'，他们盼来了圣诞节却没能出去；于是圣诞节走了，他们又说，'我们能够出去过复活节的'，他们盼来了复活节却还是不能出去；于是复活节走了，感恩节来了，圣诞节又来……他们总是盼望着出去，却总是不能实现，最后他们都死于伤心过度。"

斯托克代尔认为如果我们把注意力放在长期规划上，承受短期失意的时候就不会那么难受。

- 把注意力放在更广阔的未来。
- 设想并优先考虑长期目标。
- 不要总是与短期目标纠缠，将精力投放于长期目标上。
- 一旦长期目标实现，立即建立新的长期目标。

自我效能感

所谓自我效能感，就是坚信自己有能力成功并实现目标的信念。自我效能感也有消极的一面，它与创伤后压力和总体心理抑郁相关。自我能力的肯定部分来源于自传体记忆。如果我们能用成功的挑战填充自传体记忆，自我效能感就能建立起来。挑战可以是任何的形式。运动挑战可以增强我们的成就感。参加高难度的体育挑战有助于补充而不是妨碍我们充满压力的工作。

• 要记住那些成功克服的挑战，定期整理它们，把它们补充到自己的记忆中。运动是一个不错的选择。

成长心态

关于成长，我们通常有两种不同的思维方式：

1. 我们不能做出任何改变。关于成长，我们无能为力。

2. 我们就像小孩子一样，能够不断成长，不断争取做更多不可能的事情。世界上没有不能够完成的事情，通过学习，我们都能实现目标。

卡罗尔·德韦克（Carol Dweck）是斯坦福大学的一位心理学教授。卡罗尔·德韦克关于智力的广泛研究令教育、个人成就和成功方面的传统观点受到极大挑战，他将这两种心态称为“固定心态”和“成长心态”。卡罗尔·德韦克在《终身成长》（*Mindset: The New Psychology of Success*）一书中写道，转变心态能够极大地改变一个人的人生。德韦克博士引用了一些历史上伟大的运动员作为例子。与我们的期待相反，这些运动员并非拥有过人的天赋，他们之所以这么成功，完全是因为依赖后天的努力。当面对强大的、拥有过人天赋的对手时，是他们的精神决心和自我信念引导他们走向成功的。

如果坚持固定的心态，我们就会认为自己是一成不变的，觉得自己根本无法成长和进步。在这种情况下，把自身的弱点当作致命的瑕疵，拒绝采取行动，拒绝改善缺点，反而听之任之。因为相信自己无法改变，所以我们习惯性地隐藏缺点。当缺点可能浮出水面时，我们就会感到无谓的压力。如果拥有成长的心态，我们会觉得缺点只是短暂的状态，我们相信缺点会过去，它根本不会影响我们的“价值”。虽然缺点暴露时我们也会感到丝丝压力，但是压力的程度远没有固定心态下的强烈。相比起固定心态的人群，拥有成长心态的人能够坦然面对不理想的结果，它们的自责心理和自怜心理也相对较弱。成长心态的人群不会将考试失败当作自己的价值体现，他们会觉得这只是一次偶然的结果。我们必须认可自己处于不断进步的状态，因为这种状态能降低我们的压力反应。在这种状态下，即使面对竞争异常激烈的环境，即使面对议论和比较，我们的心态也会相对轻松。

- 让自己拥有成长的心态吧！
- 留心让自己陷入固定心态的情况！

自我评价

每当大脑处于漫游状态时，我们都会花很多时间去仔细琢磨自己的自传体记忆。因此，喜欢自己非常重要。消极思想只会产生更加消极的想法，它们把我们推进消极情感的黑洞，刺激我们的情感大脑。如果我们做了一些令自己觉得自己不友好或者邪恶的事情，我们就不会喜欢正在记录的自传。相反，如果我们随时随地囤积“好的故事”，我们的自传就会充满自尊。不管别人说什么，我们都坚定自己是一个好人。

当罗伯特·奥本海默（Robert Oppenheimer）博士发现自己成功创造世界上第一颗原子弹时，他开始变得潦倒不堪。于是，他抓住每一件自己做过的好事，提醒自己虽然他现在的行为可能会间接产生死亡和破坏，但他本质上是一个“好人”。在原子弹实验之前，即在广岛和长崎悲剧发生的数月前，他说了以下的话语：

> 无论在战争中，在森林中，在群山的悬崖峭壁上，
> 在深沉广阔的大海上，在标枪和飞箭之中，
> 在睡眠里，困惑中，深深的自责时，
> 过往的一切善良之举可以为我辩护。
>
> ——尤利乌斯·罗伯特·奥本海默
>
> （来源于薄伽梵歌）

- 尽可能多地行善。
- 如果不喜欢自己，那就改变吧。

自我和解

认为自己脆弱或者只是一个“小孩”能够降低抑郁症状。在一项试验中，研究人员将一些患有重度抑郁症的志愿者安排在

一个实验室中。通过阅读一些压抑的自我指涉声明，如“我是一个失败者”，收听忧郁的音乐如托马索·阿尔比诺尼（Tomaso Albinoni）的《G小调柔板》（*Adagio for Strings and Organ in G minor*），以及沉浸于消极的思想中，研究人员使志愿者处于沮丧的状态。之后志愿者接受了认知疗法。研究人员发现那些在接受治疗前脑袋充满自怜思想的志愿者获得了更好的治疗效果。因此研究者建议志愿者“尝试从外人的角度、以富有同情心的友好人士的眼光看待自己”。

• 设想自己跳出了自我的框架，尝试以善良且富有同情心的朋友的身份对待自己。

• 自我和解，并沉醉于其中。

关于复原力的补充建议

什么是复原力

所谓复原力，就是恢复到正常状态的能力。为了在这个纷繁复杂的世界中前行，我们需要对抗挫折，需要抵御创伤，需要处理疲惫的日常工作。那么，什么才是我们屹立不倒的秘诀呢？答案就是弹性！所有橡筋都有一个弹性极限。只要没有超过丧失弹性的极限，那么无论如何拉橡筋，橡筋都会弹回原状。这本书向读者介绍了增加弹性极限的方法，这样我们就能随时恢复到原状。

纵观历史，我们可以看到许多不同时代不同文化但拥有惊人复原力的人。只要仔细琢磨，我们就能发现这些人物故事的相似之处。2003 年，杜克大学的凯瑟琳·康纳（Kathryn Connor）博士和乔纳森·戴维森（Jonathan Davidson）博士研究了许多相关的奇闻轶事并创造了名为康纳-戴维森复原力范围 (Connor-Davidson Resilience Scale)。在这一范围的基础上，部分研究学者提出通过以下方面，用心理治疗手段，从心理学层面培育复原力：

- 积极乐观的心态
- 正面的思维方式
- 自我评价

- 良好身形
- 积极处理问题
- 社交网络

如何培养复原力

积极乐观的心态

对前景、对未来的信心能够培育我们的复原力。

即使正在经历挫折，只要我们认为自己的未来一片光明，困难就会迎刃而解。坚韧不屈的人坚信未来是充满希望的，这种信念不随日常困难而发生改变。因此他们总能积极面对当前的挫折，勇敢地解决一个又一个的难题。

正面的思维方式

某些情形可能产生情感痛苦，而认知重评能够缓解这种压力。从自己的行为出发看待事情，不要总是以事情映照自己。将挫折看作是成长的信号和需要，而不是失败的标志。总之，以积极的思维方式看待问题吧!

自我评价

相信自己是一个好人是十分重要的。因此，请坚信自己拥有良好的道德修养吧。自我评价要与自我记忆合作，这样曾经强大的自己才能鼓励当前的我们，让我们能够勇敢智慧地面对危机的情况。

良好的身形

运动能够带给我们心理层面的保护。如果对自己的身体十分自信，在面对挑战时，我们精神上也会十分自信。

积极处理问题

当遭遇挫折或者危机时，积极采取措施解决问题是十分必要的。当遇到困难时，我们不能陷入情绪惯性状态，消极逃避只会进一步恶化心理状态。因此，积极面对吧，只有这样，我们才能增强自己的复原力。

社交网络

社交网络支持能够为我们提供安全感和认同感，它能够增强我们的自我信念。社交网络还能让我们有机会会见拥有强大复原力的人，他们可以作为我们的榜样。参加伊拉克和阿富汗战争且患有创伤后应激障碍的个体通常是那些社交支持不足、社交关系决裂或者没有强大社交网络的人。

细微的改变 + 坚持不懈 = 强大的力量

人类自存在以来就在不断进化，人类最大限度地利用生命，永不停息的努力和不断进取的决心使他们不断发展，不断进步。人类一代又一代地繁衍和更替，在这个过程中，人类不断变化。这种适应能力正是人类特有的智慧，正是人类大脑可塑性的体现。

因为技术的进步、社会结构的改变以及全球化的发展，我们的生活方式正经历着极大的变化。如果我们的适应步伐跟不上变化，我们就不能很好地适应社会或患上不适应症。不适应症能够带来广泛的影响，它能够作用于不同的系统，如大脑回路和荷尔蒙动力运动，以及新陈代谢和免疫调节。

显然，复原力在所有这些系统的共同协作下发挥得最好，但是我们并不总能同时执行本书中描述的所有建议。例如，如果我们是一名飞行员，就不能控制自己的昼夜规律性；如果我们是一名正在服役的士兵，我们的交感神经系统就不可能处于不活跃的状态；如果我们正在接受姑息治疗，就难以很好地控制自己的情感；如果我们是一名长途卡车司机，就不太可能选择吃饭时间和饮食内容。

从能够控制的方面入手吧，因为当我们能够很好地处理可控领域的时候，无法控制的代价就显得不那么严重了。请记住，要灵活运用书中的建议，本书是我们的服务者，而非统治者，不要成为书本的奴隶！细微的举动都能增强我们的复原能力，做好自己能做的就可以了！ 这是一个漫长但充满激情和喜悦的过程！祝你好运！

特别鸣谢

我特别感谢我亲爱的丈夫劳伦特（Laurent），他无条件的爱为我完成这本书提供了坚实的基础。

衷心感谢安德列·桑伯格（Andrea Somberg）为这个项目付出的努力、深深感染我的乐观精神以及给我带来的无限能量。虽然我与安德列位于不同的半球，但她一直守候着这个项目。分分秒秒，日复一日，月复一月，孜孜不倦地为我提供建议和帮助。

真诚感谢玛丽安·利兹（Marian Lizzi）在编辑方面付出的耐性、所做出的贡献以及所表现的关怀和细致。同样感谢TarcherPerigee出版社所有负责本书的组员，特别是劳伦·阿普尔顿（Lauren Appleton）、伊恩·吉布斯（Ian Gibbs），没有你们的辛勤付出就不可能有这么漂亮的书籍。

谢谢弗朗索瓦·里沟（Francois Rigou）对我的鼓励和对本书写作所表现出的巨大激情，感谢您作为初稿试读者给我带来的帮助。此外，感谢凯利·泰戈尔（Kelly Tagore）的热情支持及智慧建议。

非常感激克雷格·戈德史密斯（Craig Goldsmith）、里沙德·萨拉马特（Rishaas Salamat）以及亚历克斯·斯多罗尼（Alex Storoni）对我的手稿提供的珍贵意见。非常感激格雷戈·西格尔（Greg Siegle），他让我掌握了前额皮质的知识，他的智慧让我受益匪浅。非常感激戈登·普兰特（Gordon Plant），他让我持续不断地感染智慧。

非常感谢老朋友与我的相聚谈天以及时时刻刻的勉励。感谢帕特·巴雷（Pat Barech）、塔利和丹·斯拉（Tali and Dan Ezra）、安妮·里库（Annie Rigou），玛格丽特-玛丽·奥勃良（Margaret-Mary O'Brien）、马蒂厄·罗伯特（Matthieu Robert）、哈里吉斯·德克斯尼斯（Harijs Deksnis）、安得烈·爱德华兹（Andrew Edwards）以及艾利·麦考伊（Alli McCoy）。

最后，我还要感谢保罗·赫加蒂（Paul Hegarty），面对死神般的挫折，他表现出了坚韧不拔的力量，他让我相信复原力可以应对一切挑战，我们可以培养自己的复原力！